U0225258

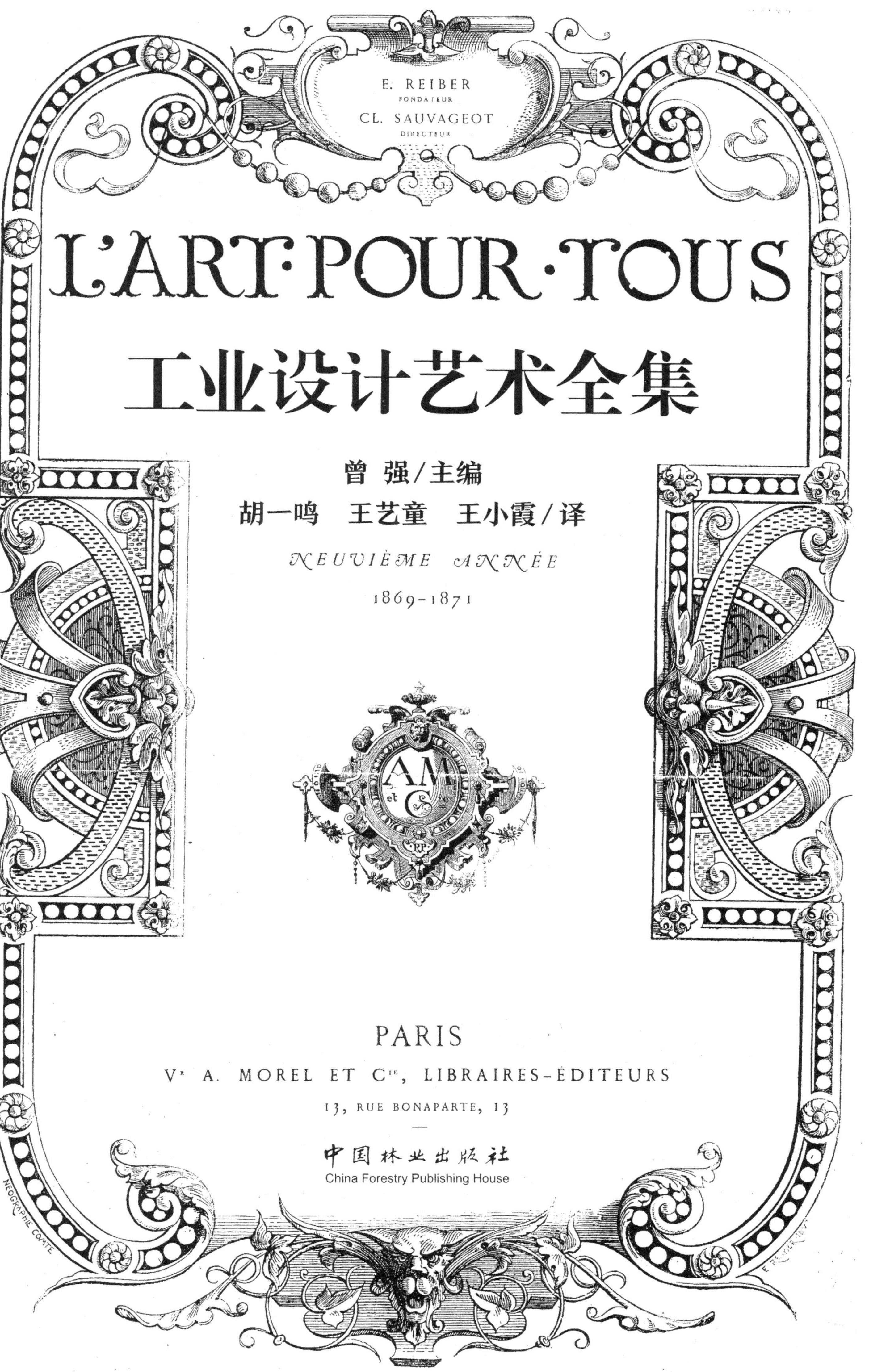

E. REIBER
FONDATEUR
CL. SAUVAGEOT
DIRECTEUR

L'ART·POUR·TOUS

工业设计艺术全集

曾 强/主编
胡一鸣　王艺童　王小霞/译

NEUVIÈME ANNÉE

1869-1871

PARIS
Vve A. MOREL ET Cie, LIBRAIRES-ÉDITEURS
13, RUE BONAPARTE, 13

中国林业出版社
China Forestry Publishing House

TABLE DES MATIÈRES

目　录

PAR ORDRE DE PUBLICATION

NEUVIÈME ANNÉE

(1869-70)

NUMÉROS	PAGES	FIGURES	SUJETS DE LA COMPOSITION		AUTEURS	ÉCOLES
CCXLI. . . .	45	2145-48	Panneaux en bois sculpté	木雕镶板	»	Arabe.
	46	2149-50	Retable d'autel en bois sculpté et doré	木雕镀金祭坛	»	Allemande.
	47	2154-55	Vignettes. — Culs-de-lampe	卷首插图、尾花	LEBARBIER.	Française.
CCXLII. . .	48	2156-59	Panneaux en bois sculpté	木雕镶板	»	Française.
	49	2160-61	Cistes ou vases en bronze à l'usage des athlètes	带运动员装饰盖的青铜器皿	»	Romaine.
	50	2162	La Renaissance, figure allégorique	文艺复兴、寓意图	LANDELLE.	Française.
	51	2163	Bijoux en or et en bronze	青铜或金制首饰	»	Romaine.
CCXLIII .	52	2164	Peinture sur verre, vitrail	玻璃画、彩绘玻璃窗	»	Flamande.
	53	2165-68	Vignettes, cartouches, culs-de-lampe	卷首插图、涡形装饰、尾花	BABEL et MARVÉ.	Française.
	54	2169	Gaîne en bois peint et doré	彩绘描金木制方底座	»	Française.
	55	2170	Reliquaire en cuivre doré	镀金铜圣髑盒	»	Espagnole.
CCXLIV. . .	56	2171	Fragment d'une porte en bois	木门片段	»	Arabe.
	57	2172-76	Céramique. — Vases divers	陶瓷、各种器皿	»	Japonaise.
	58	2177-78	Pendule. — Gaîne	座钟、方底座	PIAT.	Française.
	59	2179-81	Vase votif et statuettes en terre cuite	许愿瓶和小陶制雕像	»	Gréco-romaine.
CCXLV. . .	60	2182	Fontaine en bronze niellé d'argent	乌银镶嵌青铜喷壶	»	Japonaise.
	61	2183-85	Rampes d'escalier en fer forgé	铁艺楼梯栏杆	»	Française.
	62	2186	Coffret en ébène avec émaux colorés	黑檀木彩瓷保险箱	»	Limousine.
	63	2187	Table en bois de chêne sculpté	橡木雕花桌子	»	Française.
CCXLVI. . .	64	2188	Cabinet ou meuble à deux corps	双扇橱柜	»	Française.
	65	2189-91	Vignettes. — Cartouches. — Culs-de-lampe	卷首插图、涡形装饰、尾花	BABEL ET CHARPENTIER.	Française.
	66	2192	Trumeau sculpté (hôtel Soubise, à Paris)	雕花壁板（巴黎苏比塞斯酒店）	»	Française.
	67	2193-96	Chapiteaux sculptés en pierre	石制柱头雕刻	»	Française.
CCXLVII. .	68	2197	Décoration architecturale. — Niche	建筑装饰、壁龛	F. DUBAN.	Française.
	69	2198	Tenture d'appartement en soie	房间丝绸挂毯	»	Française.
	70	2199	Tissus. — Fragment d'étoffe	织物、布料碎片	»	Allemande.
	71	2200-03	Vignettes. — Cartouches. — Culs-de-lampe	卷首插图、涡形装饰、尾花	BABEL ET CHARPENTIER.	Française.
CCXLVIII..	72	2204	Châsse en cuivre doré et émaillé	镀金铜浮雕	»	Limousine.
	73	2205-08	Vignettes. — Fleurons. — Culs-de-lampe	卷首插图、花饰、尾花	BABEL ET CHARPENTIER.	Française.
	74	2209-12	Vierge en ivoire, au Louvre	卢浮宫的象牙圣母雕塑	»	Française.
	75	2213-24	Lettres majuscules ornées	大写字母装饰	»	Française.
CCXLIX. . .	76	2225	Brûle-parfums en grès de Satzouma	彩色砂岩香炉	»	Japonaise.
	77	2226	Lettre initiale ornée	首字母装饰	»	Française.
	78	2227	Lettre initiale ornée	首字母装饰	»	Française.
	79	2228	Chandelier en cuivre doré	镀金铜烛台	»	Allemande.
CCL.	80	2229	Statue équestre de Vercingétorix	韦辛格托里克斯的骑手雕塑	BARTHOLDI.	Française.
	81	2230-44	Armes offensives et défensives. — Harnachement de cheval	进攻性和防御性武器、马具	»	Gauloise.
	82	2245-46	Vase honorifique en bronze	神圣的青铜器皿	»	Chinoise.
	83	2247-53	Vignettes. — Fleurons. — Culs-de-lampe	卷首插图、花饰、尾花	SAINT-NON BERTHAULD.	Française.
CCLI	84	2254	Plat ajouré et émaillé	镂空搪瓷盘	BERNARD PALISSY.	Française.
	85	2255	Couverture de livre	书籍封面	»	Française.
	86	2256-58	Gravures. — Nielles. — Entrelacs	雕刻艺术、乌银镶嵌装饰、绠带饰	»	Arabe.
	87	2259	Aiguière en cuivre repoussé	铜雕水壶	»	Allemande.
CCLII. . . .	88	2260	Cheminée en pierre, au musée de Cluny, à Paris	巴黎克吕尼博物馆的石制壁炉	»	Française.
	89	2261-62	Aiguière en porcelaine	瓷水壶	»	Persane.
	90	2263	Fronton du théâtre d'Angers	昂热镇剧院的三角楣	TALUET ET BLOCH.	Française.
	91	2264-65	Gravure repoussée au burin	雕刻艺术品	»	Arabe.
CCLIII. . .	92	2266-67	Grand plat en bronze	大青铜盘	»	Mauresque.
	93	2268-69	Cheminée en pierre de liais	石制壁炉	HUGUES LALLEMENT.	Champenoise.
	94	2270-71	Panneaux de bois sculpté	木雕镶板	»	Allemande.
	95	2272	Reliquaire en cuivre doré et émaillé	镀金铜圣髑盒	»	Limoges.

H ij

PARIS. — J. CLAYE, IMPRIMEUR, 7, RUE SAINT-BENOIT. — [1087]

DIXIÈME ANNÉE

(1870-71)

NUMÉROS	PAGES	FIGURES	SUJETS DE LA COMPOSITION		AUTEURS	ÉCOLES
CCLIV. . . .	96	2272	Armoire aux châsses à Notre-Dame de Paris	巴黎圣母院的衣柜和框架	A.-F. Perrodin.	Française.
	97	2273	Costumes divers	各种服饰	Jacques Boissard.	Française.
	98	2274-30	Lettres initiales enluminées	彩色大写字母	»	Byzantine.
	99	2281-82	Vase en terre cuite	陶制器皿	»	Grecque.
CCLV.	100	2283	Armoire aux châsses à Notre-Dame de Paris	巴黎圣母院衣柜和框架	A.-F. Perrodin.	Française.
	101	2284-86	Vases en terre ornés de peintures	陶制绘画饰器皿	»	Grecque.
	102	2287-92	Vignettes. — Culs-de-lampe	卷首插图、尾花	Babel et Marvy.	Française.
	103	2293-98	Cheminée en pierre sculptée (détails)	石雕壁炉（细节）	»	Champenoise.
CCLVI. . . .	104	2299-300	Lambris de l'ancien hôtel de Villars, à Paris	维拉斯酒店的小画廊	Blondel.	Française.
	105	2301	Nymphe de la fontaine des Innocents	无辜者喷泉中的美女	J. Goujon.	Française.
	106	2302	Costumes divers	各种服饰	Watteau.	Française.
	107	2303	Chéneau en terre cuite	陶制檐沟	»	Grecque.
CCLVII. . .	108	2304	Horloge à poids en fer ciselé	镂雕铁艺锤钟	»	Française.
	109	2305	Lettres initiales ornées (chromo.)	大写字母装饰（彩色画）	»	Française.
	110	2306	Peinture murale à Notre-Dame de Paris	巴黎圣母院的壁画	E. Viollet-le-Duc.	Française.
	111	2307-11	Colliers en or et grenats	镶宝石金项链	»	Romaine.
CCLVIII. . .	112	2312	Horloge du palais de justice de Paris	巴黎司法官的钟塔	Germain-Pilon.	Française.
	113	2213-16	Costumes vénitiens	威尼斯的服饰	Jacques Boissard.	Française.
	114	2317-18	Casques en fer ciselé et doré	浮雕铁制镀金头盔	»	Allemande.
	115	2319	Fontaine en fer forgé et doré	铁制镀金盥洗池	»	Venitienne.
CCLIX. . . .	116	2320	Plat en porcelaine émaillée	彩陶盘	»	Japonaise.
	117	2321-22	Cartouchière en fer niellé	乌银镶嵌铁制盒	»	Allemande.
	118	2323	Alcove-lit	壁龛床	Blondel.	Française.
	119	2324-28	Costumes suisses et flamands	瑞士和佛拉芒服饰	J. Boissard.	Française.
CCLX. . . .	120	2329-30	Vase avec ornements en relief et peints	浮雕彩绘花瓶	»	Chinoise.
	121	2331-34	Costumes italiens	意大利服饰	J. Boissard.	Française.
	122	2335	Poêle en terre vernissée	彩陶火炉	Blondel.	Française.
	123	2336-37	Grille en fer forgé et balcon	铁制锻造栏杆	»	Française.
CCLXI. . . .	124	2338-41	Horloge du palais de justice de Paris (détails)	巴黎司法宫的钟塔（细节）	G. Pilon.	Française.
	125	2342-45	Costumes italiens	意大利服饰	J. Boissard.	Française.
	126	2346	Cruchon en grès de Flandre	佛兰德陶壶	»	Flamande.
	127	2347	Statuette flambeau en bronze	青铜雕像烛台	»	Chinoise.
CCLXII. . .	128	2348	Brûle-parfums en bronze	青铜香炉	»	Japonaise.
	129	2349	Chambre de la princesse de Soubise, à Paris	巴黎苏比斯公主的卧室	Boffrand.	Française.
	130	2350	Landiers, pelle et pincettes en fer forgé	生火工具、锻铁铲子和镊子	»	Française.
	131	2351-54	Vignettes-cadres, cartouches	卷首插图、边框、涡形装饰	Guill. La Perrière.	Française.
CCLXIII. . .	132	2355-57	Reliquaire en argent repoussé	银制雕刻圣物盒	»	Allemande.
	133	2358-60	Candélabres en bronze	青铜烛台	»	Gréco-romaine.
	134	2361-62	Balustrade en pierre de liais	灰岩石栏杆	»	Française.
	135	2363-66	Vignettes, cadres, cartouches	卷首插图、边框、涡形装饰	»	Française.
CCLXIV. . .	136	2367	Vase en bronze damasquiné d'argent	银丝镶嵌青铜花瓶	»	Japonaise.
	137	2368-70	Balustrades en pierre sculptée	石雕栏杆	»	Française.
	138	2371-72	Landiers en fer forgé (détails)	铁艺灯具（细节）	»	Française.
	139	2373-75	Piccides en cuivre émaillé	昆虫饰嵌珐琅瓷盒	»	Française et italienne.

NUMÉROS	PAGES	FIGURES	SUJETS DE LA COMPOSITION		AUTEURS	ÉCOLES
CCLXV. . .	140	2376	Poire à poudre	火药筒	»	Française.
	141	2377	Meuble à deux corps en noyer	双扇胡桃木橱柜	»	Française.
	142	2378-80	Balcons en tôle et fer forgé	钢铁制锻造栏杆	BLONDEL.	Française.
	143	2381	Instrument de musique en bronze	青铜乐器	»	Gréco-romaine.
CCLXVI. . .	144	2382	Portrait d'Éléonore de Tolède	托莱多的艾伦诺画像	»	Italienne.
	145	2383-84	Fac-simile d'images japonaises	日本雕刻的绘画手册	»	Japonaise.
	146	2385	Fragment d'un vase des jardins de Versailles	凡尔赛花园里的器皿	»	Française.
	147	2386-87	Brûle-parfums en cuivre doré et émaillé	镀金铜雕香炉	»	Chinoise.
CCLXVII. .	148	2388	Vase en bronze avec pied	三足青铜花瓶	»	Chinoise.
	149	2389	La Vierge et l'enfant Jésus. — Émail champelvé	圣母和幼儿耶稣、搪瓷雕刻	»	de Limoges.
	150	2390	Heurtoir en bronze	青铜门环	»	Italienne.
	151	2391	Fragment d'un chéneau en terre cuite	陶制檐沟碎片	»	Grecque.
CCLXVIII. .	152	2392	Fontaine du cloître à Notre-Dame de Paris	巴黎圣母修道院的盥洗池	E. VIOLLET-LE-DUC.	Française.
	153	2393	Entrée de serrure d'un coffre	保险箱的锁眼	»	Française.
	154	2394-95	Vases en porcelaine	陶瓷花瓶	»	Japonaise.
	155	2396	Torchère en bois sculpté et doré	镀金木雕烛台	J. BERAIN.	Française.
CCLXIX. . .	156	2397	Portrait de Jeanne d'Autriche	奥地利的珍妮肖像	HALNECH.	Italienne.
	157	2398	Lambris sculpté	雕花镶板	BLONDEL.	Française.
	158	2399-403	Costumes français	法国服饰	J. BOISSARD.	Française.
	159	2404-06	Chandeliers en fer forgé	铁艺烛台	»	Française.
CCLXX. . .	160	2407	Brûle-parfums en bronze	青铜香炉	»	Chinoise.
	161	2408-11	Reliquaire émaillé et gravé	雕花瓷制圣物盒	»	Allemande.
	162	2412-14	Chapiteaux sculptés, en pierre	柱头雕刻、石制	»	Française.
	163	2415	Cheminée et glace ornée	壁炉上的镜子装饰	CHARPENTIER.	Française.
CCLXXI. . .	164	2416	Support en bronze	青铜支座	PIAT.	Française.
	165	2417-19	Costumes d'enfants allemands	德国童年服饰	AMMON.	Allemande.
	166	2420	Porte d'entrée d'une maison de Rouen	鲁昂房子的大门	»	Française.
	167	2421-22	Heurtoir de porte cochère	门环	»	Française.
CCLXXII. .	168	2423	Lucarne d'une maison de Rouen	鲁昂房子的屋顶窗	»	Française.
	169	2424-27	Cariatides, panneau sculpté	女像柱、雕刻镶板	»	Française.
	170	2428-29	Reliquaires en cuivre et argent	镀金铜雕圣物盒	»	Française.
	171	2430-31	Flambeaux en cuivre et en bronze	青铜雕塑烛台	»	Française.
CCLXXIII. .	172	2432	Flacon en fer damasquiné d'argent	银丝镶嵌铁制瓶	»	Persane.
	173	2433-34	Chenets en cuivre	铜制碳架	»	Flamande.
	174	2435-39	Costumes divers	各种服饰	AMMON.	Allemande.
	175	2440	Bras de lumière en bronze	青铜支杆烛台	»	Française.
CCLXXIV. .	176	2441	Vase en bronze niellé d'argent	乌银镶嵌青铜花瓶	»	Japonaise.
	177	2442-44	Heurtoir et entrées de serrures	门环和锁眼	»	Suisse.
	178	2445-46	Châsse en cuivre	镂空铜饰	»	Française.
	179	2447-49	Vignettes. — Fleurons. — Culs-de-lampe	卷首插图、花饰、尾花	CHARPENTIER.	Française.
CCLXXV. .	180	2450	Pendule en marbre et bronze doré	镀金铜大理石钟表	»	Française.
	181	2451-53	Costumes allemands	德国服饰	AMMON.	Allemande.
	182	2454-55	Cratère bachique en argent repoussé	银制压花装饰双耳爵	»	Romaine.
	183	2456-57	Landiers en fer forgé	铁艺火具	»	Française.
CCLXXVI. .	184	2458	Théière en bronze et argent	乌银镶嵌青铜茶壶	»	Japonaise.
	185	2459-60	Monstrances en cuivre doré	镀金铜圣髑盒	»	Française.
	186	2461-63	Burettes et coupe couverte	细颈瓶和带盖盘子	»	Vénitienne.
	187	2464-65	Panneaux de coffre sculpté	盒子的雕花镶板	»	Italienne.
CCLXXVII.	188	2466-67	Porte en tôle et en fer forgé	钢板锻铁门	»	Allemande.
	189	2468-69	Luminaires en terre cuite	陶制烛台	»	Grecque.
	190	2470-71	Panneaux de coffre sculpté	盒子的雕花镶板	»	Italienne.
	191	2472-74.	Fers de reliure	乌银镶嵌装饰封面	»	Française.

I ij

PARIS. — J. CLAYE, IMPRIMEUR, 7, RUE SAINT-BENOIT. — [1189]

9e Année.
N° 230
15 Juillet 1869.
ABONNEMENT ANNUEL
France. . . . . 18 fr.
Étranger. . . . 20 fr.
L'Année parue. 25 fr.
L'ART POUR TOUS
ENCYCLOPÉDIE DE L'ART INDUSTRIEL ET DÉCORATIF
Paraissant les 15 et 30 de chaque mois.
PUBLIÉ SOUS LA DIRECTION DE M. C. SAUVAGEOT | FONDÉ PAR M. EMILE REIBER, ARCHITECTE
A. MOREL
ÉDITEUR
13, rue Bonaparte
Paris.

XVIIe SIÈCLE. — TRAVAIL FRANÇAIS.

(ÉPOQUE DE LOUIS XIV.)

BÉNITIER EN BRONZE

(GRANDEUR DE L'EXÉCUTION).

(AU MUSÉE DE L'UNION CENTRALE DES ARTS APPLIQUÉS A L'INDUSTRIE.)

2071

Cet objet n'est pas un chef-d'œuvre, mais on y remarque pourtant des qualités essentielles et aussi, il faut l'avouer, les défauts du siècle qui le vit fabriquer.

此物件算不上是一件杰作，但也有它突出的地方。同时，也一定拥有着它被制造时期的一些缺点。

This object is not a master-piece, yet it presents some remarkable qualities and likewise, it must be owened, the failings of the age in which it was manufactured.

XVIe SIÈCLE. — ÉCOLE ITALIENNE.
(ÉPOQUE DE CHARLES IX.)

ARMES DÉFENSIVES. — CUIRASSES DAMASQUINÉES
D'APRÈS DES DESSINS DU TEMPS.

(COLLECTION DE M. H. CARRÉ.)

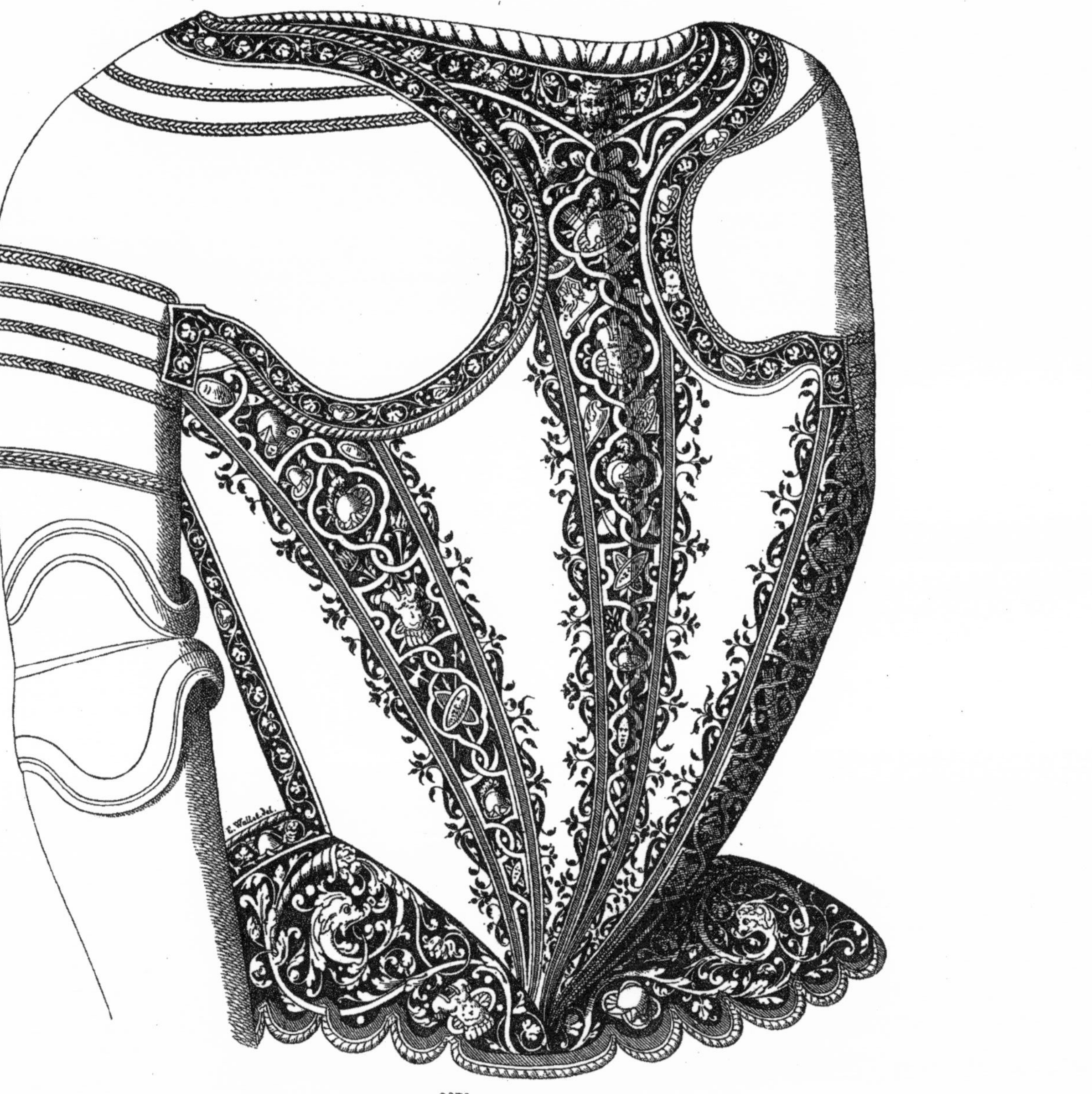

2072

2073

Les dessins originaux que nous reproduisons sont de plus grandes dimensions que nos gravures. — Ils sont surtout remarquables à cause des ingénieux ornements damasquinés qu'ils laissent voir. — (Inédit.)

此处再现的原始图稿比雕刻的更加淋漓尽致。尤其在装饰有此图案的精巧花缎装饰中更显精美绝伦。（未发表）

The original drawings here reproduced have greater dimensions than those of our engravings. — They are specially remarkable for the ingenious damaskeened ornaments with which they are embellished. — (Unpublished.)

XVIIIe SIÈCLE. — ÉCOLE FRANÇAISE.

FRONTISPICE,

PAR BABEL.

ANTIQUITÉ. — CÉRAMIQUE GRECQUE.

(AU MUSÉE NAPOLÉON III.)

FIGURES DÉCORATIVES. — FRISES.

BAS-RELIEF EN TERRE CUITE.

Dans le fragment représenté fig. 2075, on ne peut voir que Persée délivrant Andromède. Persée poursuit le monstre et s'apprête à le combattre, tandis qu'Andromède suit d'un œil attentif cette scène terrible.

Le monstre est assez difforme et le héros laisse à désirer au point de vue de l'anatomie, mais Andromède, en revanche, est gracieuse et élégante de forme. En somme, ce bas-relief est d'une composition médiocre et d'une exécution qui n'atteint pas, il nous semble, à la hauteur de maints sujets traités par les céramistes grecs.

Dans la fig. 2076, l'artiste a représenté les Curètes frappant leurs boucliers pour couvrir les vagissements de Jupiter enfant. — La scène est très-heureusement conçue. — Les deux guerriers, d'une rare élégance, d'un dessin irréprochable, sont debout, frappant leurs boucliers tout en couvrant le jeune dieu que sa nourrice ne réussit pas à calmer.

Le modèle des figures est exquis et toute cette scène, d'une naïveté de bon aloi, prend un caractère imposant.

La frise, dont nous ne montrons qu'un faible fragment, se terminait par une bande ornée de palmettes rappelant, par leur forme et leur disposition, les hautes moulures ornées des temples égyptiens.

2075

2076

Of the fragment shown in fig. 2075, the subject to be understood is the rescue of Andromache by Perseus, who is after the sea-beast and in the very act of fighting, whilst Andromache is intently looking on the awful scene.

The monster is rather deformed, and the hero himself leaves something to be desired in point of anatomy; but, percontra, Andromache stands gracious and with an elegant shape. Upon the whole, this basso-relievo presents an indifferent composition and an execution which does not reach, in our opinion, the excellence of many subjects by Greek ceramists.

In fig. 2076, the artist has represented the Cureti striking their shields in order to drown the wailings of the infant Bacchus. — The scene is happily contrived. — The two warriors, very elegantly shaped and unexceptionably drawn, are standing up, striking their shields with which they cover the young god whom his nurse is unable to quiet.

The modelling of the figures is exquisite and the whole scene, of an unaffected simplicity, has yet a commanding character.

The frieze, of whose but a small portion is shown, was ending in a band adorned with palm-leaves calling to mind, by their form and disposition, the high ornamented mouldings of the Egyptian temples.

图 2075 展示的碎片中的主题据称是被珀尔修斯（Perseus）营救的安德洛玛刻(Andromache)。图中，珀尔修斯与海怪展开了搏斗，而安德洛玛刻正聚精会神地看着这可怕的一幕。

图中，怪物非常畸形，而就人体结构而言，连英雄本人也未尽人意；但安德洛玛克却相反，她得体地站在一旁，姿势优雅。总体上，该浮雕的构图平平，并且在制作上也没有达到我们对于诸多希腊陶艺匠杰出作品的期待。

在图 2076 中，艺术家描绘了勇士们碰撞他们的盾牌以掩盖婴儿巴克斯（Bacchus）的哭喊声的画面。场景欢乐，构思精巧。两个勇士体态优美，击打着盾牌来掩盖保姆无法安抚的小神的声音，画工无可挑剔。

人物的模型精致无比，整个场景真实自然，但也有一个威严之处。

在图中出现比重较小的雕带是由棕榈树叶构成的带状装饰，这样的结构和布置让人想起埃及寺庙的顶部装饰的构造。

9me Année. N° 231 30 Juillet 1869.
ABONNEMENT ANNUEL. France. . . . . 18 fr. Étranger. . . . 20 fr. L'Année parue. 25 fr.
L'ART POUR TOUS
ENCYCLOPÉDIE DE L'ART INDUSTRIEL ET DÉCORATIF
Paraissant les 15 et 30 de chaque mois.
PUBLIÉ SOUS LA DIRECTION DE M. C. SAUVAGEOT | FONDÉ PAR M. ÉMILE REIBER, ARCHITECTE
A. MOREL ÉDITEUR 13, rue Bonaparte Paris.

XVIe SIÈCLE. — TRAVAIL FRANÇAIS.
(MUSÉE DES SOUVERAINS.)

NIELLES DAMASQUINÉS D'ARGENT.
DÉTAILS DE L'ARMURE DE HENRI II.

2077

2078

2079

Ces trois fragments font partie des jambières de l'armure, et sont présentés de la grandeur même de l'exécution. Inutile de faire ressortir l'élégance et la grâce de ces rinceaux compliqués.

这三个碎片均是盔甲腿部的一部分，而且大小也与原型一样。其错综复杂的枝叶所展现的雅致与优美不言而喻。

These three fragments are part of the legs of the armour and have the exact size of the original. It is needless to point out the elegance and gracefulness of those intricate foliages.

XVᵉ SIÈCLE. — ORFÉVRERIE ALLEMANDE.

(A M. BASILEWSKI.)

OBJETS DU CULTE. — RELIQUAIRE

EN CUIVRE DORÉ ET ÉMAILLÉ.

La plupart des reliquaires et des monstrances fabriqués au xvᵉ siècle affectent la forme du reliquaire que nous montrons ci-contre. — C'est, on peut le dire, les formes architecturales de cette époque appliquées, sans trop de changements, à l'orfévrerie : — L'ensemble pourrait être défini : une flèche d'église et même de cathédrale disposée sur un pied. — N'y retrouvons-nous pas, en effet, les pinacles, les statuettes, les contre-forts ajourés, les arcs-boutants, les colonnettes, les gargouilles, les fleurons, les crochets, les balustrades, etc., etc., que l'on voit dans les clochers ou flèches en pierre de cette époque? — Pour être à une autre échelle que dans les édifices véritables, il faut bien avouer que tous ces détails d'architecture, devenus ornements d'orfévrerie, n'en sont pas moins heureux d'ajustement, groupés tous d'une façon fort ingénieuse et parfaitement appropriée à la destination de l'objet. Les orfévres des xivᵉ et xvᵉ siècles n'étaient point, on le voit, des artistes médiocres, et ils savaient aussi bien qu'aujourd'hui, sinon mieux, composer et exécuter des pièces d'une perfection assez grande pour mériter souvent nos éloges et quelquefois notre admiration.

L'exécution de ce reliquaire est parfaite de tous points : chacune des moulures est d'un profil étudié, raisonné, et les fleurons, les découpures, les crochets ne laissent absolument rien à désirer. — Quelques parties du nœud sont émaillées.

Most of the shrines and monstrances made in the xvth century have the form of the reliquary here shown. — Therein, it may be said, the architectural lines of the time are made use of, rather unaltered, for the silversmith's work. To the ensemble this definition would apply : the spire of a church, and even of a cathedral, disposed upon a foot. — Do not we find there, indeed, the pinnacles, statuettes, open-worked counter-forts, archbutments, small columns, gargoyles, flowers, brackets, balusters, etc., which are seen in the stone steeples or spires of that epoch? — One must confess that, though executed on a different scale, all these details of architecture, transformed into ornaments of the goldsmith's art, are not a bit less happy in their arrangement, being all grouped in a very ingenious fashion perfectly concordant to the destination of the object. The silversmith of the xivth and xvth centuries was not, as shown here, an indifferent artist, and he understood as well as that of our days, if not better, the composition and execution of pieces whose perfection often commands our praises and sometimes our admiration.

The execution of this reliquary is perfect in every point : each moulding has an outline well studied and sensible, and the flowers, carvings, crockets, all leave obsolutely nothing to be desired. — Parts of the knot are enamelled.

大多数建于15世纪的神龛和圣体匣都与此图中的圣髑盒构造相同。可以说这幅图与当时的建筑线稿如出一辙，用在银匠的工作中。整体来看，教堂甚至主教堂的尖顶，往往被安置在一个托座上。我们难道没有发现在那个时代的尖顶或尖塔上，布置的小尖顶、小雕像、镂空式护墙、拱台、小柱子、滴水槽、花、托架、栏杆柱等装饰吗？我们必须承认，尽管建筑的所有细节都以不同的比例制作，但这些细节被转换成了金匠艺术的装饰物，将它们安置并没有那么容易，它们以一种非常巧妙的方式组合在一起，使其整体保持一致。正如这里所展示的，14世纪和15世纪的银匠并非受到冷落，他和我们一样了解那个时代的作品的构图和表现，即使不是最好，但这些作品的完美常常值得我们赞誉，有时甚至是钦佩。

这个圣髑盒上的每一部分都很完美，每一个造型都有精细的构造和合理的轮廓，而花、雕刻、卷叶形花饰都无法挑剔。旋钮扣的一部分是用搪瓷装饰的。

GODARD

ANTIQUITÉ. — SCULPTURE GRECQUE. FIGURE DÉCORATIVE. — CANÉPHORE.

(A L'ÉCOLE DES BEAUX-ARTS, A PARIS)

2084

Cette belle cariatide, portant une corbeille, est en pied et drapée jusqu'en bas. Elle est une fois et demie grande comme nature. — L'original est à la villa Albani à Rome. Notre dessin a été exécuté d'après le moulage en plâtre qui existe à l'École des Beaux-Arts.

这座精美的女像柱是全身雕像，其中的女像支撑着篮子，身上的帷幔垂至脚面。它比真实高度高了一半。原作是在罗马的阿尔巴尼别墅。这幅画是根据目前美术学院（巴黎）的石膏模型绘制而来。

This fine caryatid, supporting a basket, is executed full length and with a drapery falling to the feet. It is larger than nature by half a length. — The original is at the Albani villa, in Rome. Our drawing was executed from the plaster moulding which exists at the Ecole des Beaux-Arts (Paris).

XVe SIÈCLE. — ÉCOLE FRANÇAISE.
(ÉPOQUE DE HENRI III.)

SCULPTURE. — DÉCORATION ARCHITECTURALE.
MASCARONS DU PONT-NEUF, A PARIS.

(AU SIXIÈME DE L'EXÉCUTION.)

2082

2083

Certains érudits attribuent à Jean Goujon lui-même un grand nombre des mascarons du Pont-Neuf, et entre autres ceux que nous publions aujourd'hui. — Nous n'osons guère être de cet avis, car on ne trouve pas dans ces ingénieux masques le faire particulier de l'habile sculpteur, les procédés d'exécution qu'il employait presque toujours. — Il serait plus sage de mettre au compte de quelqu'un de ses élèves la totalité des mascarons grotesques du Pont-Neuf.

一些博学之士认为新桥面具这个杰作大部分出自法国雕刻家让·古戎（Jean Goujon）。我们很不认同这种看法，因为这些面具虽精巧，但缺乏来自一个娴熟雕刻家的独特手法，也没有体现出他一贯使用的制作过程。而把这些稍显古怪的新桥面具看作是他学生们的作品似乎会更为合理。

2084

Some erudites ascribe to Jean Goujon himself a great portion of the Pont-Neuf masks. — We are rather undisposed to adopting this opinion, for those ingenious masks lack the peculiar manner of the able sculptor and the process of execution which he was but always using. — It would seem more judicious to credit some of the master's pupils with the whole of the odd masks of the Pont-Neuf.

2085

2086

9me Année.
N° 232
15 Août 1869.
ABONNEMENT ANNUEL
France. . . . . 18 fr.
Étranger. . . . 20 fr.
L'Année parue. 25 fr.
L'ART POUR TOUS
ENCYCLOPÉDIE DE L'ART INDUSTRIEL ET DÉCORATIF
Paraissant les 15 et 30 de chaque mois.
PUBLIÉ SOUS LA DIRECTION DE M. C. SAUVAGEOT | FONDÉ PAR M. ÉMILE REIBER, ARCHITECTE
A. MOREL
ÉDITEUR
13, rue Bonaparte
Paris.

XVe SIÈCLE. — TRAVAIL ALLEMAND.

(A M. RECAPPÉ.)

MEUBLES. — FAUTEUIL OU SIÉGE SEMI-CIRCULAIRE.

C'est la face postérieure de ce siége d'origine allemande qui est montrée par la gravure. — Elle était de beaucoup la plus intéressante à cause de sa décoration, et demandait de préférence à être gravée, l'ordonnance de la face principale se comprenant, du reste, facilement, sans l'aide de figures.

Ce fauteuil semi-circulaire, et peut-être plus suisse encore qu'allemand, est monté à pivot sur un pied hexagone; il est de bois entièrement peint. — Quelques parties des moulures, les filets saillants, et les colonnettes, par exemple, sont dorés. — Tous les fonds des réseaux et des ornements en forme de *fenestrage* sont peints en bleu foncé, et le reste couleur bois. — Quelques moulures du pied sont noires pourtant. — Un nœud avec couronne d'un goût exquis accuse le milieu de la tige du meuble, tandis que le sommet, ou dossier ajouré, se silhouette d'une façon ingénieuse. — Mais, nous dira-t-on, ce meuble est-il d'une réelle commodité ? C'est là une chose que nous ne voudrions pas affirmer. — Nous avons vu en lui l'application d'une idée originale, une décoration assez caractéristique, et cela nous a suffi pour le publier.

这是把座椅的背面，所展示的雕刻图案可看出它来自德国。从装饰上来讲，这是迄今为止最有趣的，因为即使没有图案的衬托，主图的布局也很容易理解，所以它值得被镌刻下来。

这把半圆形座椅，与其说是德国的不如说是瑞士的，它安装在一个枢轴上，底部是六角形的，材质是木制的，整体都上了漆。模型的有些部分，如凸出的嵌条和小柱子是镀金的。所有网格背景和窗形装饰都以深蓝色绘制，其余部分是木色的。

It is the back part of this seat, having a German origin, which is shown in our engraving. — It is by far the most interesting on account of its decoration, and it deserved to be preferably engraved, as the ordonnance of the principal face is easily understood without the assistance of figures.

This semi-circular chair, which is perhaps more of a Swiss than of a German, is mounted on a pivot and has a six-angled foot; it is of wood and entirely painted. — Parts of the mouldings, the projecting fillets and small columns, for example, are gilt. — All the grounds of the net-works and of the window-shaped ornaments are in dark blue, and the rest wood-coloured. — Some mouldings at the foot are black, though. — A knot with crown exquisitively made marks the middle of the tige of the object; whilst the top or back open-worked has an ingenious outline. — But, one will say, is this piece of household furniture quite comfortable? We are not disposed to reply in the affirmative. — We saw in this object but the execution of an original idea, a rather characteristic decoration, and so we felt justified to publish it.

✿

然而模型的桌脚部分是黑色的。座椅支撑部位中间有一个雕有皇冠的旋钮扣；同时上部及背部镂空的图案也非常精巧。但是有人会问这样的椅子坐着舒服吗？我们也不太确定。不过这个座椅新颖的创意和极其独特的装饰已足够说服我们发表它。

XVIIIe SIÈCLE. — TRAVAIL FRANÇAIS.

(ÉPOQUE DE LOUIS XV.)

MEUBLES. — PENDULE OU CARTEL

AVEC SON SUPPORT.

Dans la forme générale ou dans les détails, ce motif de pendule est assez souvent reproduit de nos jours. Parfois le fond, qui reçoit les ornements de cuivre doré ou de bronze, est en palissandre. D'autres fois il est en laque noire ou brune, et décoré d'arabesques incrustées d'une rare élégance. La ciselure est généralement bien traitée. — Dans les imitations modernes que nous avons vues de cet objet, on peut avancer sans crainte qu'il n'atteint pas à la perfection des anciens modèles. — Ceci n'est pas à l'éloge de notre temps.

Dans l'exemple que nous reproduisons, on doit faire remarquer combien la silhouette générale est gracieuse et fine. — Le meuble étant destiné à être appliqué sur un lambris d'appartement, on devait, en effet, en étudier de préférence les contours et la *découpure*. — Toutefois ce n'a pas été là la seule préoccupation du fabricant; il a voulu atteindre aussi à une variété de matière produisant une certaine richesse de coloration. — Le fond est noir ou brun, avons-nous dit. — Les ornements découpés sont en cuivre doré et se détachent avec éclat du fond; mais à ces oppositions calculées se joint encore, au centre du meuble, un cartouche à fond de glace et l'émail du cadran qui ajoutent à la richesse générale. — Hauteur totale : 0,95.

In its general form or details, this motive of time-piece is often reproduced nowadays. Sometimes the ground on which are put the ornaments in copper-gilt or in bronze is of rose-wood. At other times it is in black or brown shell-lac and adorned with inlaid arabesques of a rare elegancy. The chasing is usually nicely done.— In the modern imitations which we have seen of this object, it may be affirmed that it does not come to the perfection of the old models. — This is not said in commendation of our epoch.

In the one example here given, we must call the reader's attention to the grace and fineness of the general outline. — The article being destined to hang on the panelling of a room, it was necessary above all to study its contours and cuttings out. — Yet, this was not the sole preoccupation of the maker who was bent, too, in reaching a variety of materials producing a certain richness of colouring. — The ground is black or brown, as we have already said. — The cut ornaments are in copper-gilt and brilliantly detach themselves on their ground; besides, to those looked-for oppositions are to be added, in the centre of the object, a cartouch with a plate-glass bottom and the enamel of the dial, which still increase the general richness. — Total height : 95 centimeters.

图中钟表样式和细节都较为普遍，因此目前还常常生产。有时底面用玫瑰木，上面有鎏金铜或青铜的装饰。也有时底面是黑色或棕色的紫胶，修饰着罕见优雅的蔓藤花纹。雕镂的十分精细。可以确定地说目前我们看到的现代仿制品的精美程度都难以于之前的模型媲美。这可不是在赞美。

在这里给出的样式中，整个轮廓的高雅和精细程度是不能忽略的。正是这样精美的轮廓和裁切，注定它会被挂在房间的镶板上以供观赏。然而，这并不是制造者唯一关心的问题，因为他也致力于获得各种各样的材料，以制作出丰富的色彩。正如我们之前所述，底面是黑色或棕色的。这些雕塑鎏金铜装饰在底面上显得分外夺目；此外，在钟表的中心是底部带有涡卷饰的平板玻璃和涂有瓷漆的钟面，更是增加了整体的丰富性。总高度 95 厘米。

ANTIQUITÉ. — CÉRAMIQUE GRECQUE.

(MUSÉE NAPOLÉON III AU LOUVRE.)

FRISES. — FIGURES DÉCORATIVES

(FRAGMENTS EN TERRE CUITE.)

Combien sont nombreux les fragments de céramique antique qui, dans un plus ou moins bon état, sont parvenus jusqu'à nous. Cela s'explique assez. — On sait que les façades des maisons grecques et romaines, mais surtout romaines, offraient souvent, soit en forme de frises, soit dans les corniches, dans les chéneaux ou les antéfixes, des exemples de décoration en terre cuite. — Évidemment ces décorations empruntées à la céramique n'ont pas toujours la perfection d'une œuvre sculptée et parfaite à loisir dans l'atelier. — Les moules ont donné parfois des formes arrondies, et les pièces sont plus ou moins bien réussies. Malgré cela on peut dire qu'on y rencontre toujours une grâce souveraine et une science relative que notre renaissance européenne a vainement tenté d'imiter. — Les bas-reliefs en terre cuite de l'antiquité étaient souvent entièrement peints, ou bien se détachaient presque toujours sur un fond rouge ou bleu qui, d'en bas, aidait à la compréhension des formes et à la lecture du sujet.

2089

How numerous are the fragments of the antique ceramic which, in good or indifferent condition, have come to us! This is rather easily explained. — It is well known the front of the Greek or Roman dwellings, specially of the latters, often presented, either in the form of friezes, or in the cornices, gutters and antefixes, examples of decorations in terra-cotta. — Evidently those decorations borrowed from the ceramic art have not always the perfection of a word sculpted and finished in the studio. — The moulds have sometimes given roundish forms, and the pieces have more or less happily come to light. Nevertheless, one may say that in them there is always to be found a superlative grace and a relative science, which our Renaissance in Europe has vainly tried to imitate. — The bassi-relievi in terra-cotta of the Antiquity were often painted entirely, or they but always detach themselves on a red or blue ground, by which people looking upwards were helped to the comprehension of the forms and to the reading of the subject.

2090

不论是完好的还是残破的，古时留下来的赤陶碎片数不胜数！这也足以解释为什么希腊或罗马的住所前，尤其是罗马住所前的中楣、檐板、檐沟或檐口部位经常有着这种赤陶的装饰。显然，从陶艺中发展而来的这种装饰有时并没有工作室中雕刻或完成的作品那么完美。这种模型有时是圆的，非常庆幸一些碎片能够为我们所见。但仍有人认为这种陶艺有着欧洲文艺复兴时期模仿未成功的极度优雅和相对科学。该古老赤陶的雕塑往往是整体都上漆，或是用红色或蓝色的背景进行衬托，使人们向上看时能更好地理解雕塑形象和主题。

XVIe SIÈCLE. — SCULPTURE FRANÇAISE.

(ÉPOQUE DE HENRI II.)

DÉCORATIONS INTÉRIEURES. — LAMBRIS

DANS UNE DES SALLES DU LOUVRE.

(A L'ÉCHELLE DE 0m,12c POUR MÈTRE.)

2091

Le lambris ci-dessus existe aujourd'hui dans une des salles du Musée des Souverains au Louvre. — Il se voyait autrefois dans une des pièces du rez-de-chaussée, et c'est M. Fontaine, architecte du roi Louis-Philippe, qui fut chargé de la translation et du remaniement.

上面的壁板现在在卢浮宫中君主博物馆的一个大厅里。它以前在一楼的一个房间里出现过，由路易・菲利普国王的建筑师方丹（Fontaine）先生，负责拆除和修缮这件物品。

The above wainscot is now in one of the halls of the *Musée des Souverains* in the Louvre. — It was formerly seen in one of the ground-floor rooms, and it is Mr. Fontaine, king Louis-Philippe's architect, who was charged to do the removal and repairing of the object.

9e Année.
No 233
30 Août 1869.
ABONNEMENT ANNUEL
France. . . . . 18 fr.
Étranger. . . . 20 fr.
L'Année parue. 25 fr.
L'ART POUR TOUS
ENCYCLOPÉDIE DE L'ART INDUSTRIEL ET DÉCORATIF
Paraissant les 15 et 30 de chaque mois.
PUBLIÉ SOUS LA DIRECTION DE M. C. SAUVAGEOT | FONDÉ PAR M. EMILE REIBER, ARCHITECTE
A. MOREL
ÉDITEUR
13, rue Bonaparte
Paris.

XVIe SIÈCLE. — FONDERIE FRANÇAISE.
(ÉPOQUE DE HENRI III.)

(A M. LOUVRIER DE LAJOLAIS.)

MARMITE EN MÉTAL DE CLOCHE
(AUX DEUX TIERS DE L'EXÉCUTION.)

2092

2092 *bis.*

Cette pièce, fondue sans ciselures, est décorée d'une frise sur la face seulement. Les anses et les pieds sont brasés. — La frise est obtenue au moyen de filets de cire appliqués sur le moule.

图中所示的锅由钟铜铸造，未经刻凿，上方有饰带装饰。手柄和脚部都是焊接的。上方饰带装饰是通过在模具上打蜡形成的。

This pot, cast in bell-metal without chiselling, is decorated with a frieze, but only on the front part. The handles and feet are brazed. The frieze was obtained by means of wax fillet put on the mould.

XVIe SIÈCLE. — FABRIQUES VÉNITIENNES. GOURDE OU BOUTEILLE DE CHASSE.

(AU MUSÉE DU LOUVRE — ANCIENNE COLLECTION SAUVAGEOT.)

Ch. Chauvet, del. Strasbourg, typ. G. Silbermann. — 2093 Ad. Levié, lith.

Les ornements peints décorant cette gourde sont empreints d'un caractère tout allemand, qui permet de supposer qu'elle est l'œuvre d'ouvriers de ce pays venus en Italie.

图中葫芦瓶上的印花装饰带有浓烈的德国风格，不禁让人猜想制作者是从德国来到意大利的。

The printed ornaments, which adorn this bottle-gourd, bear the stamp of a strong German character, that let one suppose the object was manufactured by workmen come from Germany to Italy.

XVIIe SIÈCLE. — TRAVAIL FRANÇAIS.
(ÉPOQUE DE LOUIS XIV.)

BRODERIE. — COUVERTURE DE LIT.
(A M. RÉCAPPÉ.)

Dessin de Mlle Anaïs Magdelaine. 2094 Strasbourg, typ. G. Silbermann.

Cette couverture, dont nous ne présentons qu'un quart, est d'une exécution facile et en partie composée d'application de satin sur fond de taffetas bleu. Les feuilles nuancées et les rosaces doivent être brodées au passé. L'application est entourée d'une ganse de soie cachant les effilures et donnant du relief et de la solidité au travail. Les bandes de satin sont rehaussées d'une passementerie dentelée en soie très-simple.

图中地毯制作简单，部分是由缎子转印至蓝色塔夫绸而成，彩色的叶子和玫瑰花似乎是刺绣的。上图所示仅是其四分之一。转印用丝带缝边，将末端线头藏起来的同时也使整个作品更加醒目、更加牢固。缎带上还缀有非常简单的锯齿饰物。

This blanket, of which we show but one fourth, is of an easy execution and partly composed of satin transferrings on a ground of blue taffeta. The tinted leaves and roses seem to be worked with the needle. The transferring is hemmed round with a silk cord hiding the ravelled threads and giving relief and solidity to the work. The satin bands are set off with a toothletted silk trimming very plain.

XVIIe SIÈCLE. — ÉBÉNISTERIE FRANÇAISE.

(ÉPOQUE DE LOUIS XIV.)

MEUBLES. — BERCEAU EN BOIS SCULPTÉ ET PEINT

(A M. RÉCAPPÉ.)

Rien n'est plus touchant que la vue d'un berceau, que celui-ci soit d'une grande richesse ou d'une extrême simplicité. Rien non plus, il nous semble, ne prête davantage à une décoration ingénieuse, gracieuse et facile. Nous voyons, par l'exemple ci-contre, qu'à la fin du règne de Louis XIV on ne comprenait pas la décoration d'un meuble de cette nature comme la plupart des artistes la comprendraient certainement de nos jours. Au lieu d'y placer des emblèmes naïfs ou poétiques rappelant les grâces aimables de l'enfance ou l'amour et le dévouement des mères, le grand seigneur qui fit exécuter pour son nouveau-né ce berceau sculpté demanda, de préférence, à l'artiste, les armoiries de la famille. — Ce n'est pas ainsi que, même pour une personne noble, nous comprendrions la décoration d'un berceau — autres temps, autres mœurs. — Les ornements que nous remarquons ici ne sont plus déjà d'une pureté remarquable. Ce n'est plus là du beau Louis XIV, et l'on sent venir la décadence. Cependant les ornements, qui sont entièrement dorés et se dessinent sur un fond rouge foncé, produisent un certain effet décoratif. — La fig. 2096 présente, en géométral, l'extrémité principale du berceau.

2095

2096

EXTRÉMITÉ PRINCIPALE DU BERCEAU

AU CINQUIÈME DE L'EXÉCUTION.

Nothing is more affecting than the sight of a cradle, let it be very rich or quite plain. Nothing either, as it seems to us, lends itself better to a decoration at once ingenious, graceful and easy. In the example here given, we see that at the end of Louis XIV's reign, the decoration of a household piece of that kind was not understood as it would certainly be by most of our living artists. Instead of embellishing it with simple or poetical emblems calling to mind the sweet graces of the child or the love and devotion of the mother, the great lord, who had this sculpted cradle executed for his new-born heir, asked preferably of the artist the coat of arms of the family. — It is not in that way, even for the noblest of nobles, that we should comprehend the decoration of a cradle; but time alters manners. — The ornaments which we see here have already no more a remarkable chasteness. It is no more the style of the grand epoch of Louis XIV, and the decadence is felt coming. Yet, those ornaments, gilt all over and set off on a deep red ground, produce a certain decorative effect. — Fig. 2096, geometrically given, shows the cradle's bottom.

没有比看到摇篮更让人感动的了，无论它是奢华还是朴实。对我们而言，没有什么可以像它一样，可以更好的将巧妙、优雅、轻松融入其中了。从这里给出的例子，我们可以看到路易十四统治的终结，这种家居装饰并未被大多数在世的艺术家所理解。这位君主在给自己刚出生的继承人制作摇篮时，要求工匠着重体现皇家权威，而不是用或简洁或诗意的图案装饰使其体现孩子的天真可爱和母亲的爱和奉献。即使对于贵族中最高贵的人来说，我们也不能够理解这个摇篮的装饰；但是时间会改变一切。我们现在看到的摇篮装饰已没有路易十四时期那种非常圣洁的风格，颓废之感已逐渐显露。然而，这种全部上漆、深红色背景的样式起到了很好的装饰效果。图 2096 中的图形是该摇篮的底部图案。

9me Année.
N° 234
15 Septembre 1869.
ABONNEMENT ANNUEL
France. . . . . 18 fr.
Étranger. . . . 20 fr.
L'Année parue. 25 fr.
L'ART POUR TOUS
ENCYCLOPÉDIE DE L'ART INDUSTRIEL ET DÉCORATIF
Paraissant les 15 et 30 de chaque mois.
PUBLIÉ SOUS LA DIRECTION DE M. C. SAUVAGEOT | FONDÉ PAR M. ÉMILE REIBER, ARCHITECTE
A. MOREL
ÉDITEUR
13, rue Bonaparte
Paris.

XVIIIe SIÈCLE. — ÉCOLE LYONNAISE.
(ÉPOQUE DE LOUIS XVI.)

FRAGMENT D'ÉTOFFE DE SOIE
(AU TIERS DE L'EXÉCUTION.)

(AU MUSÉE DE L'UNION CENTRALE DES BEAUX-ARTS APPLIQUÉS A L'INDUSTRIE.)

2097

Dans ce fragment d'étoffe de fabrique lyonnaise on saisit bien la transformation qui s'opérait à cette époque dans le goût français. — La forme élégante et gracieuse des ornements, ainsi que l'agencement des figures, est encore pourtant un souvenir de Boucher.

图中碎片于里昂制造，弥漫着当时盛行的法国风情。这些优美雅致的装饰以及人物的精心排布都符合布歇（Boucher）的风格。

In this fragment of stuff from the Lyons manufactures is easily understood the transformation which, at that epoch, the French taste was undergoing. — The elegant and graceful form of the ornaments, as well as the disposition of the figures are, though, after Boucher's manner.

STÈLES EN MARBRE SCULPTÉ

ΜΝΗΣΙΣΤΡΑΤΗ

GODARD

2098

ΕΥΤΥΧΟΣ
ΗΡΙΝΗ
ΝΙΚΩΝ

2099

Ces petits monuments servaient souvent dans l'antiquité à marquer les limites entre les terres ou les nations voisines. La forme généralement adoptée est celle d'une colonne ou d'un pilier orné destiné à porter une inscription.

图中的小纪念碑在古时经常用于标识相邻庄园或国家的疆界。通常采用圆柱或华丽的支柱来支撑，其上刻有题词。

These small monuments were often used, in ancient times, to mark the boundaries of neighbouring estates or nations. Their generally adopted shape is that of a column or ornated pillar which were to bear an inscription.

XVIIe **SIÈCLE.** — ÉCOLE FRANÇAISE.

(ÉPOQUE DE LOUIS XIV.)

DÉCORATION INTÉRIEURE. — PANNEAUX PEINTS

DANS LA GALERIE D'APOLLON, AU LOUVRE.

2100

2101

La galerie d'Apollon est décorée, à la base des trumeaux, dans l'embrasure et sous l'appui des fenêtres, de panneaux peints d'une composition et d'une exécution larges, puissantes et harmonieuses qui sont de l'école de Bérain, sinon de ce maître lui-même. — Dans les deux exemples ci-dessus les fonds sont d'or. — A la figure supérieure le masque est bleu, le dauphin vert, l'architecture terre de Sienne, les feuillages blancs. — A la figure inférieure, les dauphins sont blancs, l'architecture terre de Sienne, le feuillage blanc et les roseaux, coquilles et conque, bleu de Prusse.

卢浮宫内的阿波罗画廊，在支柱与窗户之间的斜面墙上，充满了构图完美、宏伟的嵌板。它们即使不是出自大家之手，也是“贝伦派”作品，既夺人眼球，又与画廊交相呼应。图上两幅示例都是金色背景。上方的一幅中，面具是蓝色的，海豚是绿色的，细节是土黄色的，枝叶是白色的。下方的一幅中，海豚是白色的，细节是土黄色的，枝叶是白色的，芦苇和贝壳等则是普鲁士蓝的。

The Apollo Gallery, in the Louvre, is decorated, at the base of the piers, in the embrasures and under the still of the windows, with painted panels having both their composition and execution grand, striking and harmonious, which are from Bérain's school, if not from this master's brush. — The two present examples have gold grounds. — In the upper figure, the mask is blue, the dolphin green, the architectural details in Sienna-earth, and the foliage white. — In the lower figure, the dolphins are white, the architecture in Sienna-earth, the foliages white, and the reeds, shells and concha in Prussian blue.

ART CHINOIS ANCIEN. BRULE-PARFUMS EN BRONZE.

(COLLECTION DE M. G. BRION.)

Les bronzes de petites dimensions sont, en Chine et au Japon, généralement fondus à cire perdue, et nous ne doutons aucunement que le brûle-parfums de M. Brion ne soit obtenu par ce procédé. — La couleur ou poterie en est fort belle, et la finesse du métal ne laisse rien à désirer. — La forme, au premier examen, étrange et lourde, est cependant étudiée et d'un beau caractère. — L'objet entier est une sphère cerclée dans sa partie supérieure de moulures rectangulaires qui lui permettent de gagner peu à peu la ligne verticale vers la section du couvercle. Celui-ci, muni d'anses d'une forme sévère, est découpé à jour pour laisser échapper la fumée des parfums, et laisse voir, au milieu d'ornements étranges, ces dragons à la fois fantastiques et naturels que les objets chinois et japonais de cette nature nous montrent si fréquemment.

Trois pieds découpés soutiennent ce vase aux formes sphéroïdales.

(Exposition des Arts appliqués à l'Industrie au palais des Champs-Élysées. — Musée rétrospectif.)

2102

中国和日本的小型青铜物体一般都由失蜡法铸造而成，而且我们可以确定布里昂先生（M.Broin）的香炉也是通过这种方法制成。图中香炉样式精美，金属细度无可挑剔。其形状乍一看可能感到古怪笨拙，然而已是被研究和效仿的典范。

事实上，该物体是其上部带有矩形模制件的圆形球体，这使得它对盖子的垂直线有很大的影响。后者配有两个等高的透空手把，以便蒸汽通过这里的孔散发。其上装饰中集神奇与自然于一身的龙的元素在中国和日本的物件中经常可见。

三个裁切的脚部支撑着球形香炉。

Diminutive bronze objects are generally, in China and Japan, cast in *cire perdus*, and we have not the least doubt that M. Brion's perfume-burner was obtained through this very process. — The form of the vase is handsome, and the fineness of the metal leaves nothing to be desired. — The shape, which, at first glance, may seem odd and heavy, is however well studied and has a fine style.

In fact, the object is a sphere circled in its superior part with rectangular mouldings, which makes it rather affect the vertical line towards the lid. This latter, furnished with handles of a severe contour, is open-worked in order to let the fumes of the sweet vapour escape, and through its apertures, amidst strange ornaments, are seen those dragons at once fantastic and natural which the Chinese und Japonese objects so frequently show us.

Three cut feet support this spheroically shaped vase.

N° 235
9me Année.
30 Septembre 1869.
ABONNEMENT ANNUEL
France. . . . . 18 fr.
Étranger. . . . 20 fr.
L'Année parue. 25 fr.
L'ART POUR TOUS
ENCYCLOPÉDIE DE L'ART INDUSTRIEL ET DÉCORATIF
Paraissant les 15 et 30 de chaque mois.
PUBLIÉ SOUS LA DIRECTION DE M. C. SAUVAGEOT | FONDÉ PAR M. ÉMILE REIBER, ARCHITECTE
A. MOREL
ÉDITEUR
13, rue Bonaparte
Paris.

XVIe SIÈCLE. — ÉCOLE FRANÇAISE.
(ÉPOQUE DE CHARLES IX.)

SCULPTURE. — CHEMINÉE EN PIERRE.
(AU MUSÉE DE L'HOTEL DE CLUNY.)

hugue lalleme

1567

2103

Cette cheminée, portant la date de 1567, a été exécutée par Hugues Lallement et provient de Châlons-sur-Marne. — Le sujet principal est le Christ à la Fontaine.

该壁炉台上刻着1567年，由来自香槟沙隆的乌格斯·拉勒芒（Hugues Lallement）制造。该壁炉台的主题是“喷泉旁的耶稣”。

This mantel-piece, bearing the date of 1567, was executed by Hugues Lallement and has come from Châlons-sur-Marne. — The main subject is Christ at the fountain.

ANTIQUITÉ. — FONDERIES GRECO-ROMAINES.

(A LA BIBLIOTHÈQUE IMPÉRIALE.)

DEMOS. — GÉNIE D'UNE VILLE ANTIQUE,

STATUETTE, GRANDEUR DE L'EXÉCUTION.

2404 2405

Cette statuette, donnée à la Bibliothèque par M. de Janzé, est en bronze et posée sur une base de colonne. — Le personnage n'a pour vêtement qu'une chlamyde jetée sur l'épaule gauche et laissant le torse à nu. — La main droite s'appuie sur la hanche; la tête est couronnée d'une muraille flanquée de tours.

La fig. 2104 montre la même figure de côté, en laissant voir l'évidement de la couronne.

该青铜雕塑是Jauzé先生赠予图书馆的，被放置于柱子底座上。雕塑中的人物仅左肩披着短斗篷，其余部分都裸露着。

右手搭在髋部；头上戴着壁形金冠。

图 2404 显示的是其侧面，使皇冠中透空的部分显露出来。

This statuette, given to the Bibliothèque by M. de Janzé, is of bronze and placed on a column's base. — The personage has for clothing but a chlamys thrown upon the left shoulder and leaving the torso quite naked.

The right hand rests on the hip; the head bears a mural crown with towers.

Fig. 2,104 shows the object sideways, so as to let the hollowing of the crown appear.

XVIe SIÈCLE. — ORFÉVRERIE ALLEMANDE. ACCESSOIRES DE TABLE. — AIGUIÈRE EN ARGENT DORÉ ET ÉMAILLÉ.

(MUSÉE DU LOUVRE.)

Le musée du Louvre possède cette belle et riche aiguière et son bassin non moins orné. Ce sont incontestablement des pièces capitales et pour lesquelles ni le temps ni l'argent n'ont dû être épargnés.

L'aiguière est décorée de guirlandes, de trophées ciselés et d'un bas-relief dont le sujet est emprunté à la conquête de Tunis par Charles-Quint. Trophées et guirlandes ont été exécutés à part et rapportés sur le fond du vase. — Tout cela est fort beau d'exécution; mais certains détails d'ornementation ne répondent pas, toutefois, à l'ampleur générale de la composition. — L'ajustement du col de l'aiguière et de l'anse, par exemple, est des plus ingénieux et des mieux réussis. — La belle figure humaine aux cheveux tressés, couronnée d'une coquille et enlacée de serpents, est vraiment imposante et peut aussi passer pour irréprochable.

Le bassin est enrichi comme le vase de bas-reliefs ciselés empruntés au même fait historique, c'est-à-dire la prise de Tunis, ainsi que l'indique une inscription ainsi conçue : *Caroli V, Rom. P. F. Augusto, 1535.*

To the Louvre Museum belongs this fine and rich ewer and its not less ornated basin. Both are unquestionably capital pieces and for which neither time nor money were spared. The ewer is decorated with garlands, chased trophies and a bas-relief whose subject is taken from Charles the Fifth's conquest of Tunis. Trophies and garlands were separately executed, and then applied on the vase's ground. — The whole thing has certainly a fine execution, but certain details of the ornamentation do not come up to the general grandeur of the composition. The arrangement of the neck and handle of the ewer is one of the most ingenious and best executed. — This beautiful human face with plaited hair, twisting serpents, and a crown made of a shell, is truly commanding and may be accounted faultless.

The basin is enriched, like the vase, with chased bassi-relievi borrowed from the same historical fact, as it is indicated by the following inscription : *Caroli V, Rom. P. F. Augusto, 1535.*

卢浮宫博物馆收藏着这个精致奢华的水壶和它那同样华丽的水盆。二者都是至关重要的部分，制作过程耗时耗财。水壶上装饰着花环、猎人的奖杯和“查理五世征服突尼斯”主题的浅浮雕。奖杯和花环被分别制作后，再加到瓶体上的。整个水壶自然是完美的杰作，但某些装饰细节不符合整体的瑰丽。

其中，壶颈和壶柄的制作最为精美绝伦。这张美丽的面容上有盘编的辫子、缠绕的毒蛇和贝壳制成的皇冠，充满着威严，可以说是无可挑剔的。

GODARD

XVIe SIÈCLE. — FABRIQUE FRANÇAISE.
(ÉPOQUE DE FRANÇOIS Ier.)

MEUBLES. — STALLE EN BOIS SCULPTÉ.
(A M. RÉCAPPÉ.)

Cette stalle aux formes tout architecturales, offre une certaine identité avec un meuble de même destination publié page 633 de ce recueil. Le bois est le même, les lignes générales presque semblables, les bras comme ici sont deux consoles, et la partie inférieure du meuble, c'est-à-dire le siége, est aussi un coffre destiné sans doute à déposer des livres d'heures et autres objets de piété.

Deux choses qui existent seulement à la stalle ci-contre servent à établir cependant une notable différence. — C'est d'abord le fronton à coquille qui lui sert de couronnement et que nous croyons d'addition moderne, et le marche pied découpé qui se voit à la base.

Sur la face du siége les panneaux sont ornés de deux écussons entourés de banderoles et sur lesquels on remarque le monogramme du Christ et celui de la sainte Vierge.

La partie la plus apparente du meuble, le dossier, est couvert en entier par un motif d'arabesques qui, comme exécution, ne laisse rien à désirer. — Le petit *attique* qui précède le fronton a reçu aussi une décoration qui se lie à la précédente.

This stall, with architectural forms, shows some identity with an object having the same destination and published in page 633 of our review. The wood is the same, the general lines are almost alike, the arms in both are two consols and the lower part of each object, that is to say the seat, is likewise a coffer destined without doubt to receive the primer and other religious things.

However, two things which exist only in the present stall, serve to establish a notable difference. — First, the frontal with a shell for, a crowning, in which we see a modern addition, and the cut foot-board at the base.

On the seat's front the panels are adorned with two escutcheons surrounded with bandrols and where upon are seen the monogram of Christ and that of the Holy Virgin.

The main part of the object, the back of the seat, is entirely covered with a motive of arabesques, which leaves nothing to be desired, as far as the execution goes. The small attic preceding the frontal has received, too, a decoration in keeping with the larger one.

该座椅在建筑形式上与633页展示物品属于同一制造地，它们有着相同的特征。所用木材是一样的；总体的线形是相似的；扶手也相似；每个物品的底部，也就是说这个椅子底部都有保险箱等其余宗教的结构。

然而，现存的两种物品还是有着明显不同的：首先，该座位正面有贝壳样式的顶饰，底部有一个脚踏板，在中世纪现代小屋里我们也能见到这样的顶饰。

椅子前面的嵌板装饰有两个盾形饰牌，周边还有燕尾旗，以及耶稣和圣女的交织字母图案。

椅子的后背，也就是它的主体上都是蔓藤花饰的图案，制作精美无可挑剔。后背上方较小的顶楣也得到了同样的装饰，与整体风格保持一致。

9me Année.
N° 236
15 Octobre 1869.
ABONNEMENT ANNUEL
France. . . . . 18 fr.
Étranger. . . . 20 fr.
L'Année parue. 25 fr.
L'ART POUR TOUS
ENCYCLOPÉDIE DE L'ART INDUSTRIEL ET DÉCORATIF
Paraissant les 15 et 30 de chaque mois.
PUBLIÉ SOUS LA DIRECTION DE M. C. SAUVAGEOT | FONDÉ PAR M. ÉMILE REIBER, ARCHITECTE
A. MOREL
ÉDITEUR
13, rue Bonaparte
Paris.

ART PERSAN ANCIEN.

COLLECTION
DE M. ÉDOUARD ANDRÉ.

GRANDEUR DE L'EXÉCUTION.

PETIT ÉCRAN EN JADE

AVEC GEMMES
ENCHASSÉES D'OR.

GRANDEUR DE L'EXÉCUTION.

2108

Au Musée rétrospectif oriental organisé par l'Union centrale des beaux-arts appliqués à l'industrie.

在中央美术学院举办的东方博物馆回顾展中的作品被运用于工业生产。

At the retrospective Oriental Museum organized by the Central Union of the fine-arts as applied to industry.

XVIe SIÈCLE. — ÉCOLE FRANÇAISE.
(ÉPOQUE DE HENRI II.)

PLAFOND SCULPTÉ EN PIERRE DE LIAIS
AU DIXIÈME DE L'EXÉCUTION.

2109

Ce plafond, de petites dimensions, et destiné sans doute à couvrir un portique, un vestibule, ou une travée de l'un ou l'autre, est conservé à l'École des beaux-arts de Paris, au milieu de la cour principale. — Il est composé de trois dalles dont les joints n'ont pas été figurés sur notre gravure pour laisser à l'ornementation toute sa valeur et sa pureté. — La finesse d'exécution en est remarquable, et il est digne, au moins sur ce point, d'appartenir aux belles années de l'architecture française.

图中天花板非常少见，曾经无疑是出现在门廊、前厅或房间之间的分隔间内，目前被保存在巴黎艺术院校里的大厅中。由三块石板组成，连接处没有过多的雕刻，使得整个天花板都浑然一体。该天花板的制作工艺非凡，值得敬仰，即使在法国建筑最发达的时期都可以名列前茅。

This ceiling, with diminutive proportions and which was doubtless destined to a portico or vestibule, or to a bay of the one or the other, is kept at the School of the fine-arts of Paris, in the middle of the principal yard. — It is composed of three flag-stones the joints of which are not figured in our engraving, to let to the ornamentation its whole value and purity. — The fineness of the execution of this object is remarkable and worthy, at least on that point of being ranged in the best epoch of the French architecture.

XVIIe SIÈCLE. — MENUISERIE FRANÇAISE. PANNEAU DE PORTE EN BOIS SCULPTÉ.

Nous montrons aujourd'hui seulement un panneau de cette porte remarquable par l'ampleur et la puissance de sa décoration. La gravure de l'ensemble suivra de près le fragment, et montrera, une fois de plus, combien le dix-septième siècle possédait le sens du beau dans l'acception réelle du mot.

C'est rue Neuve-des-Petits-Champs, à Paris, que nous avons fait dessiner cette porte de l'ancien hôtel Mazarin. — Cet hôtel, des plus importants, acquis pour la Compagnie des Indes au temps de Law, avait été construit par le président Tubeuf qui le joua au piquet, dit la chronique, contre le cardinal de Mazarin, et voulut bien perdre. Si, par impossible, nous devenions possesseur d'un hôtel semblable, il nous semble que nous ne le jouerions pas, même contre un ministre puissant, et surtout que nous nous garderions de le laisser gagner.

Pour revenir à la décoration, dont nous faisions plus haut l'éloge, nous ajouterons que, dans toute l'ordonnance de cette belle porte de l'ancien hôtel Mazarin, ce que nous préférons, c'est la façon ingénieuse dont la dépouille d'un lion est disposée sur la moulure principale.

To-day we only show a panel of this door deserving to be remarked for the ampleness and power of its decoration. The engraving of the ensemble will shortly follow and demonstrate once more how much the seventeenth century was possessing the sense of the beau in the full sense of the word.

It is in the street called Neuve-des-Petits-Champs, in Paris, that we have found this door and had it engraved, which belongs to the old Mazarin hotel. — That mansion, a very important one, bought by the India Company in the time of Law, was erected for president Tubeuf who staked it, whilst playing with cardinal Mazarin, at piquet, and according to the chronicle lost it not unwillingly. Supposing we were owner of such a mansion, we certainly believe that we should not feel disposed to stake it, even playing with a powerful minister, and above all that we would take care not to lose it.

To return to the decoration which we highly praise, we must add that in the whole ordonnance of that fine door of the ancient Mazarin hotel, the thing we prefer is the ingenious fashion with which the spoils of a lion are arranged a long the chief moulding.

这里仅展示了门的嵌板部分，其装饰气势恢宏，值得称赞。整体的雕刻即可向我们证明仅仅17世纪的建筑就包含了多少世界的美。

我们在巴黎一条Neuve-des-Petits-Champs的街上找到了这扇门，并将它刻印了下来，它属于古老的马萨林宾馆。该宾馆十分重要，在立法时期被印度公司买下，由Tubeuf总统建造，但他在与红衣主教马扎林（Mazarin）的皮克牌游戏中，以它作赌注，根据编年史记载，最终不乐意地输掉了宾馆。如果是我们掌管着这个宾馆，当然是不会轻易拿它作赌注，即使是跟权利很大的主教也不行，而是会尽一切办法去保护它。

言归正传，在备受赞誉的装饰中，我们将十分时尚的战利品——狮子头，加入到整个门的布局中。

ANTIQUITÉ. — ART ÉTRUSQUE.

(A LA BIBLIOTHÈQUE IMPÉRIALE.)

ANSES DE BRONZE

APPLIQUÉES SUR DES VASES.

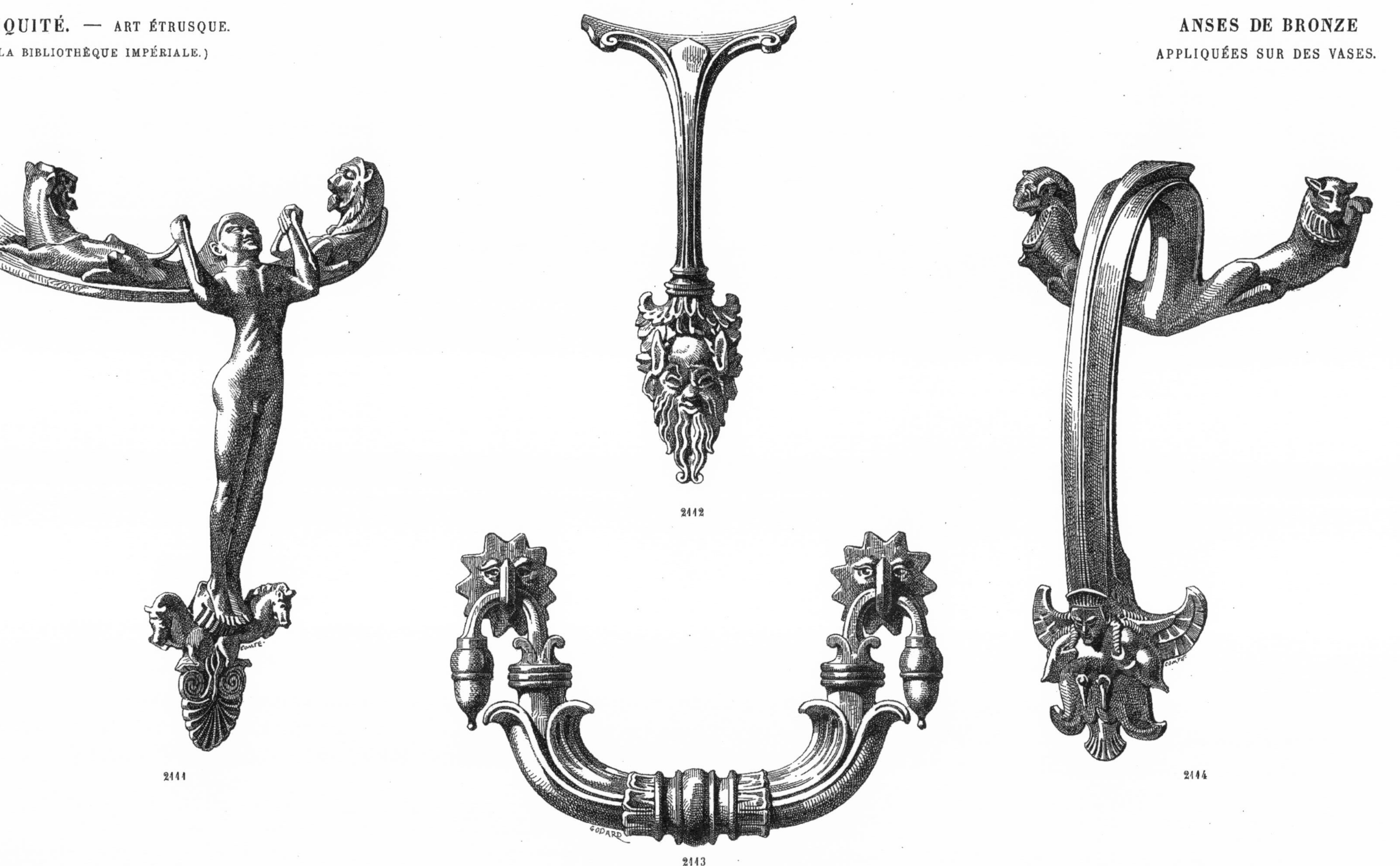

2111 2112 2113 2114

Ces spécimens se rattachent à la collection commencée dans l'*Art pour tous*, page 306, et continuée les années suivantes.

Les fig. 2111 et 2114, possédant bien le caractère étrusque, montrent l'ajustement généralement usité à cette époque, c'est-à-dire le corps de l'anse se terminant par une partie en demi-cercle qui se pose à plat sur le bord du vase. — Dans ces deux anses, d'une véritable beauté, on doit surtout admirer le modelé archaïque des animaux et de la figure humaine.

La fig. 2112 est un diminutif des anses précédentes. — Le même principe d'ajustement s'y remarque. — La fig. 2113 offre un caractère romain mélangé de souvenirs grecs.

图中这些样本与《艺术大全》306 页之后收录的作品有联系，并在之后的几年一直被采用。

图 2111 和图 2114 中雕刻的是真实的伊特鲁里亚人，这种手柄是当时经过调整的，手柄的两端都是以半圆形收尾，以便放置在弧形瓶身上。这两个手柄展示了当时人们对于动物和人物造型中真实之美的崇尚。

图 2112 是手柄前端的一小部分。同样可以看出调整的痕迹。图 2113 是受希腊艺术影响了的罗马风格手柄。

These specimens are connected with the collection beginning in p. 306 of the *Art pour tous*, and continuing with the following years.

Fig. 2111 and 2114, which present the true Etruscan character, show the general adjustment of the epoch, that is to say, the body of the handle ending flatwise in a semi-circle which is put on the rim of the vase. — In those two handles having a real beauty, one ought specially admire the archaic modelling of the animals and of the human figure.

Fig. 2112 is a diminutive of the preceding handles. — The same principle of adjusting is to be seen therein. — Fig. 2113 presents a Roman style with impregnation, of Greek art.

XVIIIe SIÈCLE. — ÉCOLE FRANÇAISE.
(ÉPOQUE DE LA RÉGENCE.)

GLACE AVEC CADRE EN BOIS SCULPTÉ ET DORÉ
AU HUITIÈME DE L'EXÉCUTION.

2115

ART PERSAN ANCIEN.

BOUTEILLES EN FAÏENCE ÉMAILLÉE

(APPARTENANT A M. DE BEAUCORPS.)

2116

Les Persans ont toujours décoré les objets de la vie courante, narguilhés, gourdes à vin, sceaux à glaces, tasses à sorbets, soucoupes à confitures, plats à viandes, à fruits ou à légumes, etc., etc., avec ce qu'ils aiment le mieux après l'or, les perles et les vêtements de soie, c'est-à-dire avec des fleurs et des scènes de chasse. Là s'épanouissent souvent la tulipe, fleur mystique, et à son origine, fleur sacrée; puis la rose pourpre, la jacinthe, le chèvrefeuille, l'œillet d'Inde et l'œillet à longue tige. Les fleurs sont représentées assez souvent au naturel, mais souvent aussi, comme dans les objets ci-contre, elles sont franchement ornemanisées. — Les fonds ici ne sont pas absolument blancs, mais légèrement teintés.

❀

波斯人喜欢装饰日常用品，比如烟斗、酒葫芦、冰桶、果冻杯、储罐、盛放肉类和果蔬的盘子等的喜爱，仅次于对黄金、珍珠和丝裙的狂热。那时，常见的有神秘神圣的郁金香；还有紫玫瑰、风信子、金银花、石竹、长柄红。这些花通常代表自然，也像现在一样用作装饰。瓶身底色不是全白色的，而是略有着色的。

❀

Persians have always adorned their common-life objects, such as pipes, wine-gourds, ice-pails, sherbet-cups, conserve-salvers, dishes for meat, fruits and vegetables, with what they like best after gold, pearls and silk dresses, that is to say with flowers and hunting scenes. On such articles are often seen the tulip now still a mystical, and in old times a sacred flower; then, the purple rose, the hyacinth, the honey-suckle, the Indian pink and the long stalked pink. Those flowers are generally represented as nature gives them; but often, too, as in the present object, they are freely "ornemanized." — Here the grounds are not exactly white, but sparingly tinctured.

2117

XVIe SIÈCLE. — SCULPTURE ET MENUISERIE FRANÇAISE.
(ÉPOQUE DE HENRI II.)

PORTE EN BOIS DU CHATEAU D'ANET
(A LA CHAPELLE.)

Dans cette seconde porte de la chapelle du château d'Anet (voir l'année précédente), nous remarquons un système de décoration identique à celui qui existe dans la première. — Ce sont à peu près les mêmes moulures, bien que les dimensions de la porte entière soient plus grandes, le même bois de noyer, avec incrustations de bois des Iles, des panneaux sculptés présentant, il est vrai, des motifs différents, mais qui sortent évidemment du même ciseau. — Il y a donc parenté évidente entre ces deux portes. — On constate cependant que les entrelacs incrustés qui pourtournent les deux panneaux sculptés, et servent en même temps de bordure à la porte entière, sont d'un dessin plus compliqué. On remarque aussi une poignée en fer, adoptant la forme d'un croissant, et qui n'existe pas à l'autre porte. Les panneaux sculptés sont d'une composition toute différente. — Mais ces différences n'empêchent point de remarquer un même principe décoratif dans les deux portes, principe qu'on retrouve, du reste, à un puissant degré, dans la décoration tout entière du château.

Dans le panneau supérieur on a sculpté les armes de France surmontées de la couronne royale, ouverte sur un écu richement encadré de rinceaux, de feuillages, de chimères et d'oiseaux.

Dans le panneau inférieur, non moins riche que le précédent, ce sont les armes de la duchesse de Saint-Vallier, inscrites dans l'écu-losange des veuves.

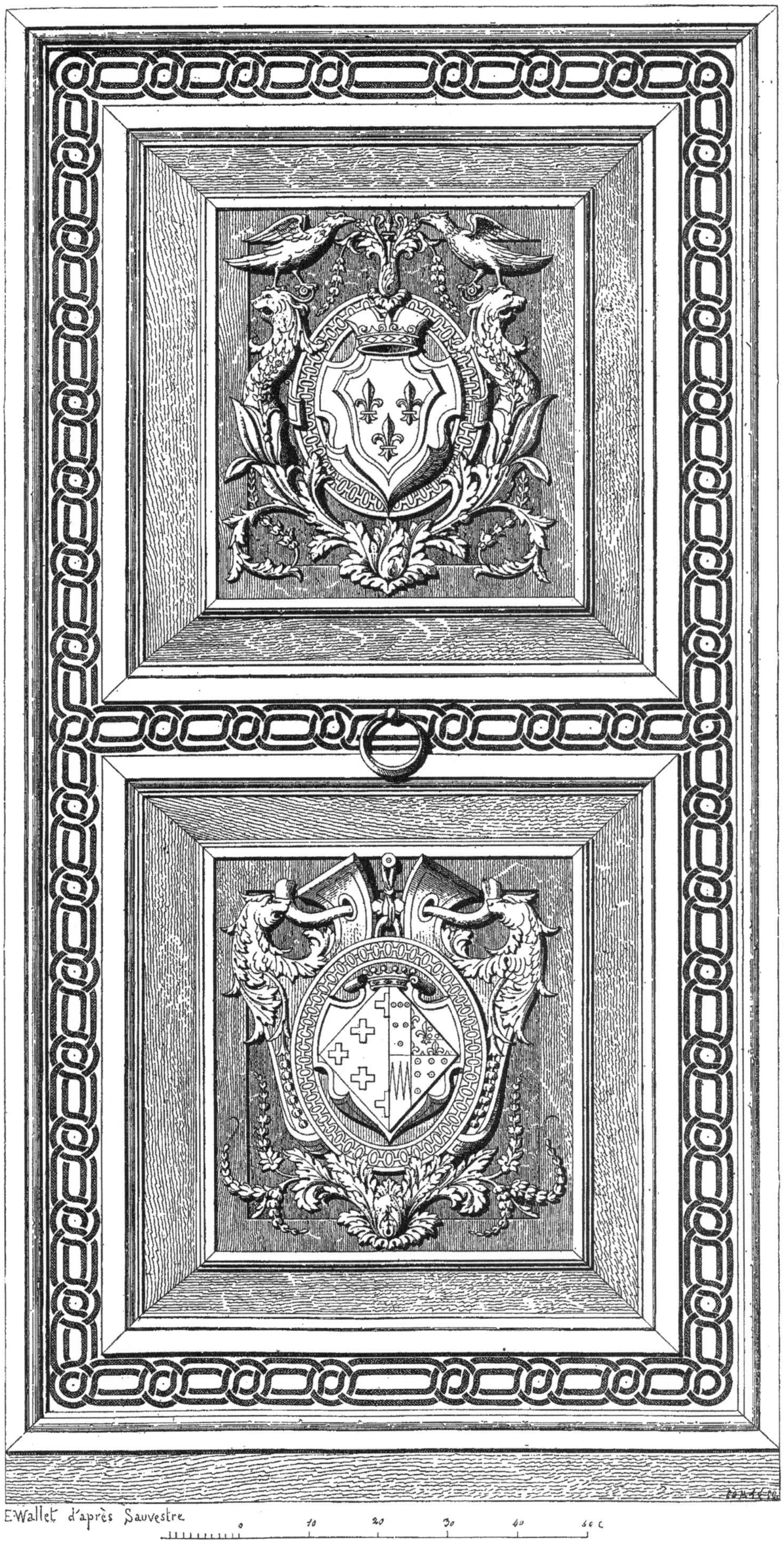

In this second door of the chapel of Anet castle (see the preceding year), we mark a system of decoration identical with the one used in the first published. — The mouldings are rather alike, though the dimensions of the entire door are here larger; the same nut-wood with incrustations of Indian-wood; the same carved panels presenting, it is true, dissimilar motives; but evidently from the same chisel. — So then, between both doors there is an obvious kindred. — One may however constate that the inlaid twines running round the two carved panels, and which serve as well for a border to the whole door, have here a more complicate drawing. One may also remark a crescent shaped hammer which is not to be seen in the other door. The sculpted panels too, have quite a different composition. — Yet, those differences do not prevent one from finding in both doors the same decorative principle which is always to be remarked, to a high degree, in the whole decoration of the castle.

In the upper panel are seen carved the arms of France, topped with the royal crown, on a scutcheon richly encercled with foliages, chimeræ and birds.

In the lower panel, not less rich than the preceding one, are seen the arms of the duchess of Saint-Valliers, inscribed into the lozenged scutcheon of the widows.

从图中安奈城堡小教堂的第二扇门（参见上一年的图片）可以发现装饰方式与第一版中的完全一样。尽管此图中的门规模稍大一些，但基本造型非常相仿；用的也都是印度木材中外壳较硬的坚果木；同样都是雕刻门板，主题不同，但显然是同一个凿子刻出来的。因此，两个门之间明显有着某种联系。有的人认为，缠绕在两个雕花嵌板的装饰线，也适用于整个门的边框，本图中的图案更为复杂一些。也有的人会说月牙形的刻法在另一扇门上不存在。雕刻的门板也有不同的构造。然而，这些区别并不能够否认二者的确有着相同的装饰方式，并且这种方式在城堡的装饰中也是首屈一指的。

在上面的镶板上，可以看到法国的纹章，王室皇冠、繁茂的枝叶、怪兽和鸟类镶嵌在盾徽周围。

在下面的镶板上，可以看到圣瓦利尔（Saint-Val-liers）公爵夫人的纹章，和上面的图案一样丰富；雕刻着不对称菱形盾牌。

E.Wallet d'après Sauvestre

2118

XVIIe SIÈCLE. — FERRONNERIE FRANÇAISE. (ÉPOQUE DE LOUIS XIV.)

OUVERTURES OU PANNEAUX DE PORTES COCHÈRES EN FER FORGÉ.

(AU DIXIÈME DE L'EXÉCUTION.)

2119

2120

2121

2122

2123

2124

2125

2126

2127

We have collected these diverse samples of gate iron-works in Paris and a few provincial towns, chiefly Rouen and Orleans. — They all belong to the seventeenth century; but they date the one from its beginning and the others from its end, or nearly so. — They are not, let it be understood, master-works of the artist in iron, and most of their motives may be rightly reduced to real plainness. Nevertheless, their arrangement is always ingenious and well studied, and their execution is sometimes extremely remarkable. — In this epoch of ours, that is to say, one wherein exists a proneness to imitate that which our predecessors have produced, we think it wasnot useless to show varied examples in iron-works having quite a peculiar style and of an easy reproduction.

Nous avons recueilli ces divers exemples de panneaux de portes cochères à Paris et dans quelques villes de province, principalement à Rouen et à Orléans. — Ils appartiennent tous au dix-septième siècle ; les uns, par exemple, datent du commencement, tandis que les autres touchent à la fin. — Ce ne sont pas là, on le voit, des tours de force de serrurerie, et la plupart des motifs font même preuve d'une véritable simplicité. Toutefois leur agencement est toujours ingénieux et étudié, et l'exécution en est parfois extrêmement soignée. — A une époque comme la nôtre, c'est-à-dire où l'on imite volontiers ce qui a été fait par nos prédécesseurs, il n'était pas inutile, croyons-nous, de montrer des exemples variés de ferronnerie ayant un caractère bien particulier et d'une reproduction assez facile.

图中的铁制品来自巴黎和其他省城，主要是鲁昂和纽奥良。二者都是 17 世纪的省城，但其中一个是 17 世纪初就存在的，而另外一个则是世纪末才出现。图中铁制品并不是大师之作，整体风格更为朴实。尽管如此，它们的布局非常巧妙，制作也精美非凡，被广泛学习与效仿。现今，有的作品中含有效仿前人作品的元素，这也说明了经典的铁制品不仅风格各异，而且也很容易复制和再生产。

9me Année.
Nº 238
15 Novembre 1869.
ABONNEMENT ANNUEL
France. . . . . 18 fr
Étranger. . . . 20 fr.
L'Année parue. 25 fr
L'ART POUR TOUS
ENCYCLOPÉDIE DE L'ART INDUSTRIEL ET DÉCORATIF
Paraissant les 15 et 30 de chaque mois.
PUBLIÉ SOUS LA DIRECTION DE M. C. SAUVAGEOT | FONDÉ PAR M. EMILE REIBER, ARCHITECTE
A. MOREL
ÉDITEUR
13, rue Bonaparte
Paris.

XVIIIe SIÈCLE. — ÉCOLE FRANÇAISE.

(ÉPOQUE DE LOUIS XVI.)

PAYSAGE DÉCORATIF.

MÉDAILLON PAR J. LEPRINCE.

2128

Fac-simile faisant suite à ceux qui ont été publiés dans la quatrième année de *l'Art pour tous*, page 439 et suivantes.

图中的摹本是《艺术大全》第四年出版的续篇。

Fac-simile being a sequel to those published in the fourth year of the *Art pour tous*, page 439 and the following ones.

XVIe SIÈCLE. — ÉCOLE ITALIENNE. ARMES DÉFENSIVES. — CUIRASSES DAMASQUINÉES,

(ÉPOQUE DE CHARLES IX.) (COLLECTION DE M. H. CARRÉ.) D'APRÈS DES DESSINS DU TEMPS.

2129

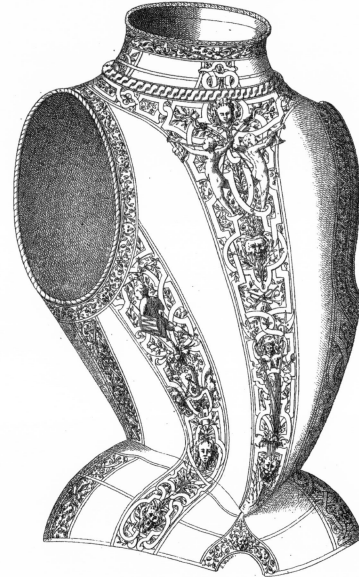

Ces deux dessins de cuirasses font suite à ceux que nous avons montrés déjà dans un des précédents numéros de *l'Art pour tous*. Comme ces derniers, ils sont présentés à une échelle moindre que les originaux.

Dans l'un des dessins (fig. 2129), nous voyons le justaucorps divisé par bandes verticales rayonnantes, et entre chacune d'elles des entrelacs ingénieux, avec ornements variés dans les fonds. Dans l'original, ces fonds sont obtenus au moyen de hachures croisées, simulant la gravure au burin qu'on emploierait dans la réalité. Un collier de l'ordre de Saint-Michel est posé au col de la cuirasse.

Dans le dessin fig. 2130, ni la disposition générale de la décoration ni les ornements ne sont de la nature des précédents. Trois larges bandes couvrent à elles seules la face du justaucorps, et ces bandes sont meublées d'ornements exquis, composés d'entrelacs, de figures humaines, d'attributs, de feuillages, etc., destinés à être gravés sans le secours d'un fond. M. H. Carré possède encore d'autres dessins; on comprendra que nous bornions notre emprunt aux quatre motifs que nous avons fait graver.

2130

图中两幅胸衣绘画是之前几册《艺术大全》中收录内容的续篇，和之前一样，图上的尺寸比实际尺寸要小。

从第一幅图（图 2129）中可以看到胸衣由垂直发散的带子分隔，带子中间有着华丽精美的装饰。在原作中，底部用的是交叉影线工艺，模仿了雕刻师的手法制作的。圣迈克尔骑士团的一个项圈戴在胸甲的颈部。

第二幅图（图 2130）中的胸衣，无论是从装饰布局和饰品方面，都与之前收录的几种是同一类型的。三条纹饰带子覆盖在胸甲的前面，带子上装饰有麻线、人脸、标志、枝叶等，如此丰富的内容即使没有背景也异常精美。M.H.Carre 还画了其他胸衣的图片，但是仅这四种胸衣的样式和装饰足够我们借鉴和学习了。

These two drawings of cuirasses are a continuation to those which we have already given in the preceding numbers of the *Art pour tous*; and like the formers they are shown on a smaller scale than the originals.

In one of the drawings (fig. 2129), we see the corselet divided by vertical and radiating bands, between two of which are ingenious twines with varied ornaments on the grounds. In the original those grounds are obtained by means of cross-hatchings imitating the work with the graver which the reality would require. A collar of the Saint-Michael order is placed at the neck of the cuirass.

In the drawing, fig. 2130, neither the general disposition of the decoration nor the ornaments are of the kind of the preceding ones. Three large bands only cover the front of the armour, and those bands are enriched with exquisite ornaments composed of twines, human faces, attributes, foljages and so on, destined to be engraved without a ground. M. H. Carré is the owner of other drawings still, but one will understand that we confine ourselves to borrowing those four motives which we have had engraved.

XIXe SIÈCLE. — ÉCOLE CONTEMPORAINE.

(FONDU PAR M. VICTOR PAILLARD.)

CHENETS EN BRONZE,

PAR M. PIAT, SCULPTEUR.

2134

Certaines œuvres contemporaines d'art industriel méritent bien qu'on s'en occupe et qu'on les publie; tels sont, il nous semble, les chenets en bronze, modelés par M. Piat et fondus par M. Victor Paillard. On y remarque des qualités sérieuses de composition et d'exécution, et une facilité, une verve qu'on ne saurait trop applaudir. Nous ferons d'autres emprunts à cet habile artiste.

某些同时期的工业艺术品值得纪念和收录，比如图中由派亚特（M.Piat）主教设计，维克多派拉德先生（M.Victor Paillard）制作的青铜火焰犬。这个作品的构图、制作、线条和灵魂的精美程度都无法超越。本书计划收录这位艺术家其他的作品。

Certain contemporaneous works of the industrial art well deserve being noted and published; such are, in our opinion, the bronze fire-dogs modelled by M. Piat and cast by M. Victor Paillard. Therein one will mark real qualities of composition and execution, and a fluency, a spirit to which too much praise cannot be given. We intend to borrow more from this skilful artist.

XVIIe SIÈCLE. — FABRIQUE ALLEMANDE.
(ÉPOQUE DE LOUIS XIV.)

CANTINE DE GUERRE EN FER BATTU
AVEC BANDES RIVÉES ET REPOUSSÉES.

(APPARTENANT A M. ORVILLE.)

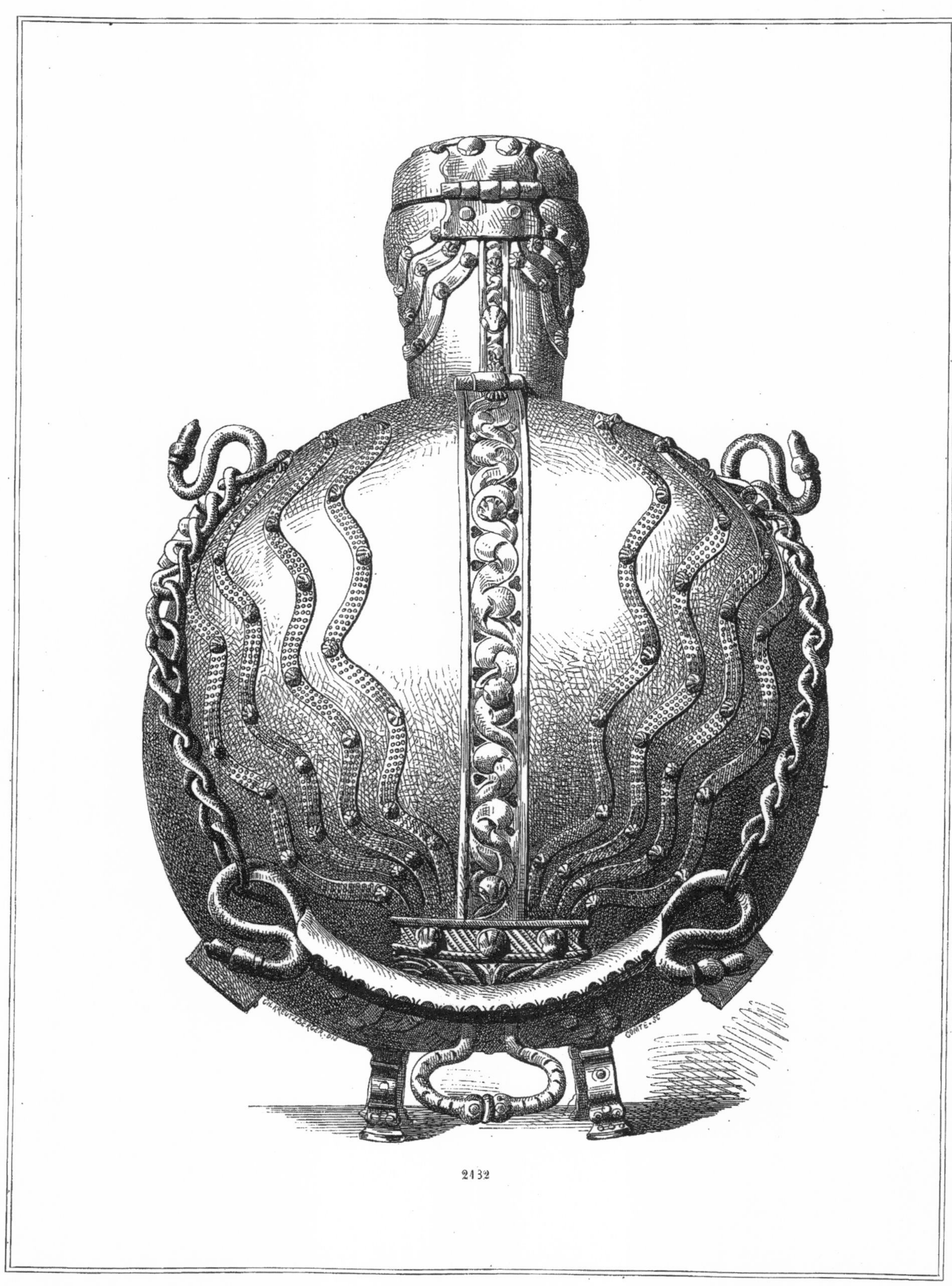

2432

Le musée de Cluny, à Paris, possède un objet de ce genre, désigné sur le Catalogue sous le nom de « Cantine de guerre. » Celui-ci provient de la collection de M. Orville, et diffère très-peu de la cantine du musée. Il est de grandes dimensions, très-brillant et fermé par un cadenas extrêmement compliqué. La panse est ornée de bandes repoussées, gravées et rivées de distance en distance à l'aide de clous. Ces immenses vases de fer étaient, selon toute probabilité, destinés à contenir les graisses pour l'artillerie et pour les compagnies d'arquebusiers.

图中的物件，也就是目录中的《战争食堂（行军壶）》，现被收录在巴黎克吕尼博物馆。图中此件是M. 奥维尔 (M.Orville) 的收藏，与博物馆中收录的原作略有不同。由于体积较大，因此用相当复杂的挂锁来开关的设计是很明智的。壶身装饰有几条曲折的带子，并在带子上相隔一定的距离钉着钉子。这样容量较大的铁质行军壶是为炮兵或枪弹公司使用量身定制的。

The Cluny museum of Paris possesses an object of this kind which is described on the Catalogue as a "War Canteen." This one comes from M. Orville's collection and differs but little from its counterpart in the museum. It has large dimensions, is very brilliant and shut by means of an extremely complicated padlock. Its belly is ornated with bands drifted, engraved and rivetted at certain distances by means of nails. Those immense iron vases were most probably destined to contain grease for the artillery and for the arquebuse companies.

9me Année.
N° 239
30 Novembre 1869.
ABONNEMENT ANNUEL
France. . . . . 18 fr.
Étranger. . . . 20 fr.
L'Année parue. 25 fr.
L'ART POUR TOUS
ENCYCLOPÉDIE DE L'ART INDUSTRIEL ET DÉCORATIF
Paraissant les 15 et 30 de chaque mois.
PUBLIÉ SOUS LA DIRECTION DE M. C. SAUVAGEOT | FONDÉ PAR M. ÉMILE REIBER, ARCHITECTE
A. MOREL
ÉDITEUR
13, rue Bonaparte
Paris.

XVIe SIÈCLE. — CÉRAMIQUE FRANÇAISE. (ÉPOQUE DE HENRI II).

COUPE EN FAIENCE ÉMAILLÉE DE LA FABRIQUE D'OIRON.

(GRANDEUR DE L'EXÉCUTION.)

Des cinquante-quatre pièces connues et cataloguées, sorties de la fabrique d'Oiron, on peut placer au premier rang la coupe ci-contre, que Sauvageot a léguée au Louvre. Elle fut achetée par lui 200 francs. A combien s'en élèverait le prix aujour'hui, si, par impossible, elle se trouvait livrée aux enchères de l'hôtel des ventes? C'est ce qu'il est difficile de prévoir; mais la somme, à n'en pas douter, serait énorme, si l'on se souvient qu'en 1864 un flambeau restauré, d'une décoration assez médiocre, était vendu à l'Angleterre au prix de 18,000 francs, et qu'à la vente Pourtalès, le biberon que nous avons publié l'an dernier dans ce recueil était acquis, au prix de 27,500 francs, pour le musée de South-Kensington, à Londres. Malgré le mérite réel de la plupart des pièces de la fabrique d'Oiron, il faut bien avouer qu'il y a eu un engouement peut-être irréfléchi à les posséder. Ça été une affaire de mode. Il est douteux que nous voyions ces luttes se renouveler, car il est assez présumable que les possesseurs (la plupart sont des musées) consentiraient difficilement à s'en dessaisir aujourd'hui. — La fig 2133 est une élévation géométrale de la coupe du musée Sauvageot, et la fig. 2134 montre le plan intérieur avec sa décoration.

Out of the fifty four known and catalogued pieces from the Oiron manufacture, the present cup, which was bequeathed by Sauvageot to the Louvre museum, may be placed foremost. He bought it for 200 francs. What price would it fetch now if, which is simply impossible, it were to be sold by auction? It is difficult to realize that idea, but doubtless the sum would be enormous, as we remember that in 1864 a restored flambeau with a rather indifferent execution was sold to England at the price of 18,000 francs, and that, at the Pourtalès selling off, the wine-bibber, which we published last year in this review, was bought at the price of 27,500 francs for the South Kensington museum of London. Despite the real merit of most of the pieces of the Oiron manufacture, it must be confessed there was something of an infatuation in their purchases. It was a fashion to have some of them; but it is doubtful whether we shall see again so hot a contest for their acquisition. It is rather probable the owners (most of whom are museums) should feel little disposed now to part with them. — Fig. 2133 is a geometrical elevation of the cup of the Sauvageot Collection, and fig. 2134 shows the inner plan with his decoration.

2133

图中的杯子是最著名的瓦隆五十四件作品之一，曾被索瓦若（Sauvageot）用200法郎买入，后来遗留给卢浮宫博物馆的物件，现今被摆放在最显眼位置。虽然不可能，但假设现在拍卖的话，它将会价值多少？这个问题不好回答，但可以肯定的是一定是一个巨大的数字，因为当初在1864年一个工艺精美的火炬以18000法郎的价格卖给了英国，在那之后，我们去年在出版发表的《酒鬼》是以27500法郎的价格购买的，用于伦敦南肯辛顿博物馆。虽说大多数的铁制品的确有很多优点，但是花天价购买这种行为一定是因为有所痴迷。当时拥有一两件铁制品是一种潮流，但我们可能再难见到这种争先购买的景象了。很可能对于这些铁制品的持有者来说（大部分都是博物馆）现在一定很后悔。图2133是索瓦若收藏的那件的水平几何图，图2134则是其内部构造图。

2134

XVIIIe SIÈCLE. — ÉCOLE ALLEMANDE.

MAITRES ANCIENS. — COMPOSITIONS DE VASES.

2135

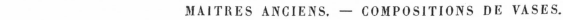

Les deux gravures que nous reproduisons en *fac-simile* sont signées J. Wolf et paraissent dater du commencement du XVIIIe siècle. Ces gravures sont simples d'effet et de rendu, et la décoration des plus ingénieuses. Sur la panse du vase 2135, nous voyons de jeunes satyres fêter Bacchus. La fig. 2136 nous laisse voir une scène plus grave, empruntée à l'histoire romaine. On aimerait à voir ces deux objets exécutés en orfévrerie, travail pour lequel ils semblent avoir été plus particulièrement conçus.

图中两件仿制品上有J·沃尔夫(J.Wolf)的签名，是18世纪初期的杰作。它们构图和制作都较为简单，但装饰却异常精美。可以看到2135图中的瓶身上年轻的萨蒂尔(Satyr)正在庆祝酒神巴克斯(Bacchus)的盛宴。图2136图中展示的是一幅罗马历史上比较严肃的场景。可以看出，两件都是出自银匠巧夺天工之手，因此也必定有特殊妙用。

The two engravings, which we reproduce in *fac-simile*, bear the signature of J. Wolf, and seem to date from the beginning of the XVIIIth. century. These engravings are simple in their composition and execution and their decoration is most ingenious. On the belly of the vase 2135, we see young satyrs celebrating the feast of Bacchus. Fig. 2136 reveals to us a more serious scene taken from Roman history. One should like to see both objects executed in silversmith's workmanship, to which they appear to have been specially destined.

2136

XVIIe SIÈCLE. — ÉCOLE FRANÇAISE.
(ÉPOQUE DE LOUIS XIV).

SCULPTURE. — PORTE COCHÈRE
A L'ÉCHELLE DE 0m,06 PAR MÈTRE.

(ANCIEN HOTEL DE MAZARIN, A PARIS)

2137

Voyez dans un précédent numéro un détail de cette porte.

此门的更多细节详见前几册内容。

See in a proceding number a detail of this door.

XVIIe SIÈCLE. — ÉCOLE LYONNAISE.
(ÉPOQUE DE LOUIS XIV).

MOBILIER. — ÉCRAN DE FOYER
EN TAPISSERIE ET BOIS DORÉ.

(AU MUSÉE DE CLUNY, A PARIS.)

L'ensemble de ce petit meuble n'offre rien d'absolument élégant; au contraire, la forme générale en est trapue, et les ornements souvent lourds et d'un goût douteux; malgré cela, cependant, on ne peut dire qu'il soit réellement dépourvu de mérite et de caractère. D'abord, les bois sont dorés et contrastent, par cette dorure de bon aloi, et comme on ne sait plus ou ne veut plus en faire, avec les couleurs relativement sombres de la tapisserie; puis, vu en perspective, il parvient à offrir des accidents de lignes que ne saurait montrer le *Géométral*. Ses pieds, en forme de consoles affrontées, donnent aussi une base et un aspect solide au meuble. Enfin, et c'est aussi un mérite, il est pour une petite part le témoin d'une époque déjà éloignée et dont les mœurs ne sont plus les nôtres. C'est un objet archéologique et propre à l'étude, sinon à être copié ou imité, et il avait droit à figurer dans notre recueil.

La tapisserie est exécutée au petit point, et représente des ornements et des oiseaux chimériques. (N° 691 du Catalogue.)

2438 2439

The ensemble of this small piece of household furniture presents nothing of an absolute elegancy; on the contrary, its general form is squat, and the ornaments are often heavy and of a doubtful taste; yet withal one cannot say that it is really destitute of merit and character. First, the woods are gilt and so contrast, by this gilding of right style and such as makers are now unable or unwilling to produce, with the relatively dark colours of the tapestry; then, seen perspectively, it contrives to offer moyements in its lines which cannot be shown in the *Geometral*. Its foots, too, in the shape of affronte consols, give to the object a massive basis and a general look of strength. Lastly, and that also is a quality, it is for a little part, the witness of a rather remote epoch and whose habits are no more our own. It is an archæological object and worth stydying, if not of being copied and imitated, and it had a right to appear in our review. The tapistry is executed at the *petit point*, and represents ornaments and chimerical birds (n° 691 of the Catalogue).

图中小型家具整体看来精美绝伦，然而整体构造是矮宽型的，装饰风格厚重，品位有些奇特；但没人能说这样的作品是毫无优点和特征的。首先，木材都是上过漆的，仅是上漆的工艺对于现在的工匠来说就是难以也不愿去复制的，与深色的壁毯相得益彰；其次，如果用正确的角度看，这件家具在线条运用上所达到的行云流水哪怕在《实测平面》中也不会见到。而且两个相互对称的蜗形脚使得整个家具既稳固又坚实。最后一个不容易察觉，在某种程度上，它见证了那个遥远年代的一些优良习惯，对于现在的我们已经毫不具备了。它是一件值得我们去研究的文物。即使不是复制或是模仿，至少我们应该学习它所具有的品质。壁毯上的精美装饰和《梦幻的鸟》（目录中 691）都是由斜针绣法绣的。

9me Année. N° 240 15 Décembre 1869.
L'ART POUR TOUS
ENCYCLOPÉDIE DE L'ART INDUSTRIEL ET DÉCORATIF
Paraissant les 15 et 30 de chaque mois.
PUBLIÉ SOUS LA DIRECTION DE M. C. SAUVAGEOT | FONDÉ PAR M. EMILE REIBER, ARCHITECTE.
ABONNEMENT ANNUEL
France. . . . . 18 fr.
Étranger. . . . 20 fr.
L'Année parue: 25 fr.
A. MOREL
ÉDITEUR
13, rue Bonaparte
Paris.

XVIe SIÈCLE. — ÉCOLE FRANÇAISE. **DÉCORATION MONUMENTALE. — SCULPTURE.**

A LA PORTE ROUGE.

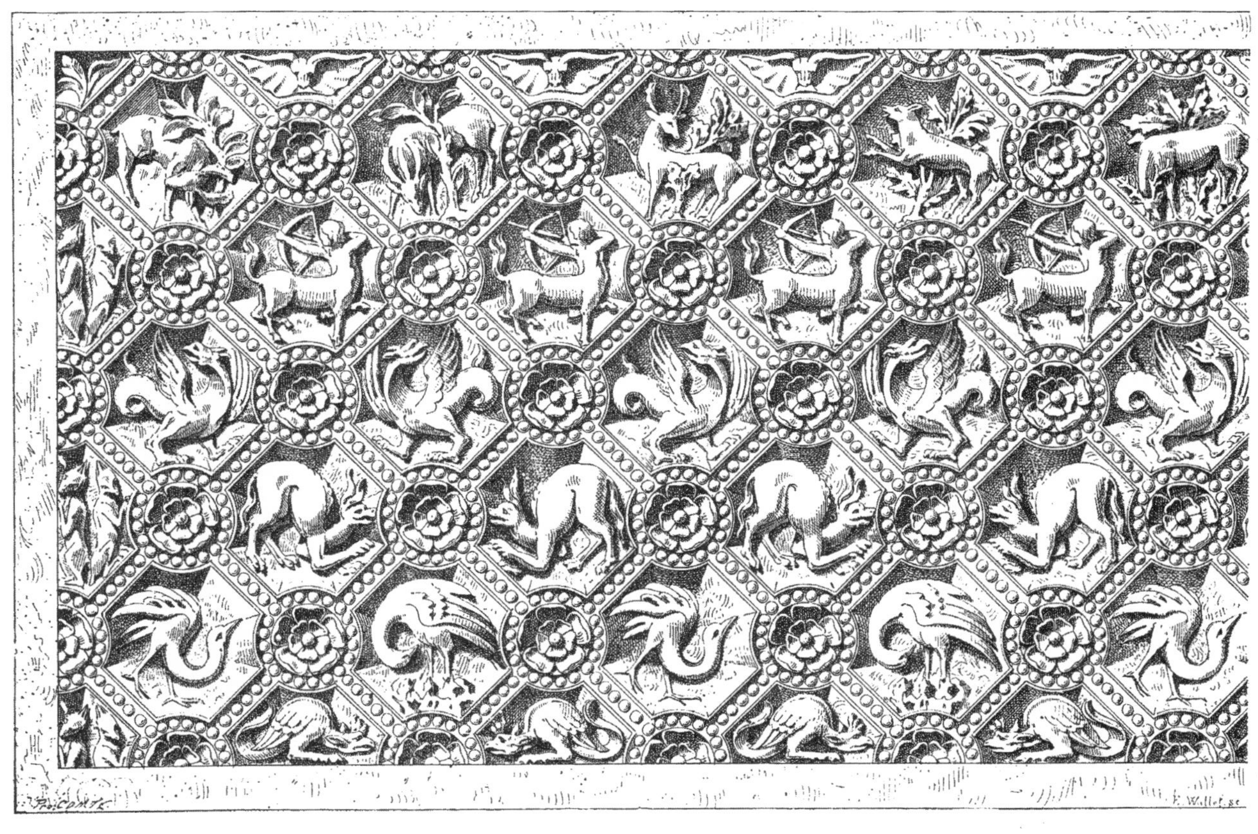

PORTAIL PRINCIPAL.

2140

Ces deux motifs appartiennent à la cathédrale de Paris, et se voient au soubassement de deux des portails. Les deux gravures sont au cinquième de l'exécution.

图中两幅都属于巴黎天主教堂，分别是两扇大门基座上的图案。图中所示部分为实物大小的五分之一。

Both motives belong to the Paris cathedral, and are seen in the base of two of the portals. The two engravings are at one fifth of the execution.

XVIe SIÈCLE. — CÉRAMIQUE ITALIENNE.

FABRIQUE DE CHAFFAGIOLO.

PLAT A DÉCOR DIT SOPRA-BIANCO

AU TIERS DE L'EXÉCUTION.

COLLECTION DE M. LE COMTE DE NIEUWERKERKE.

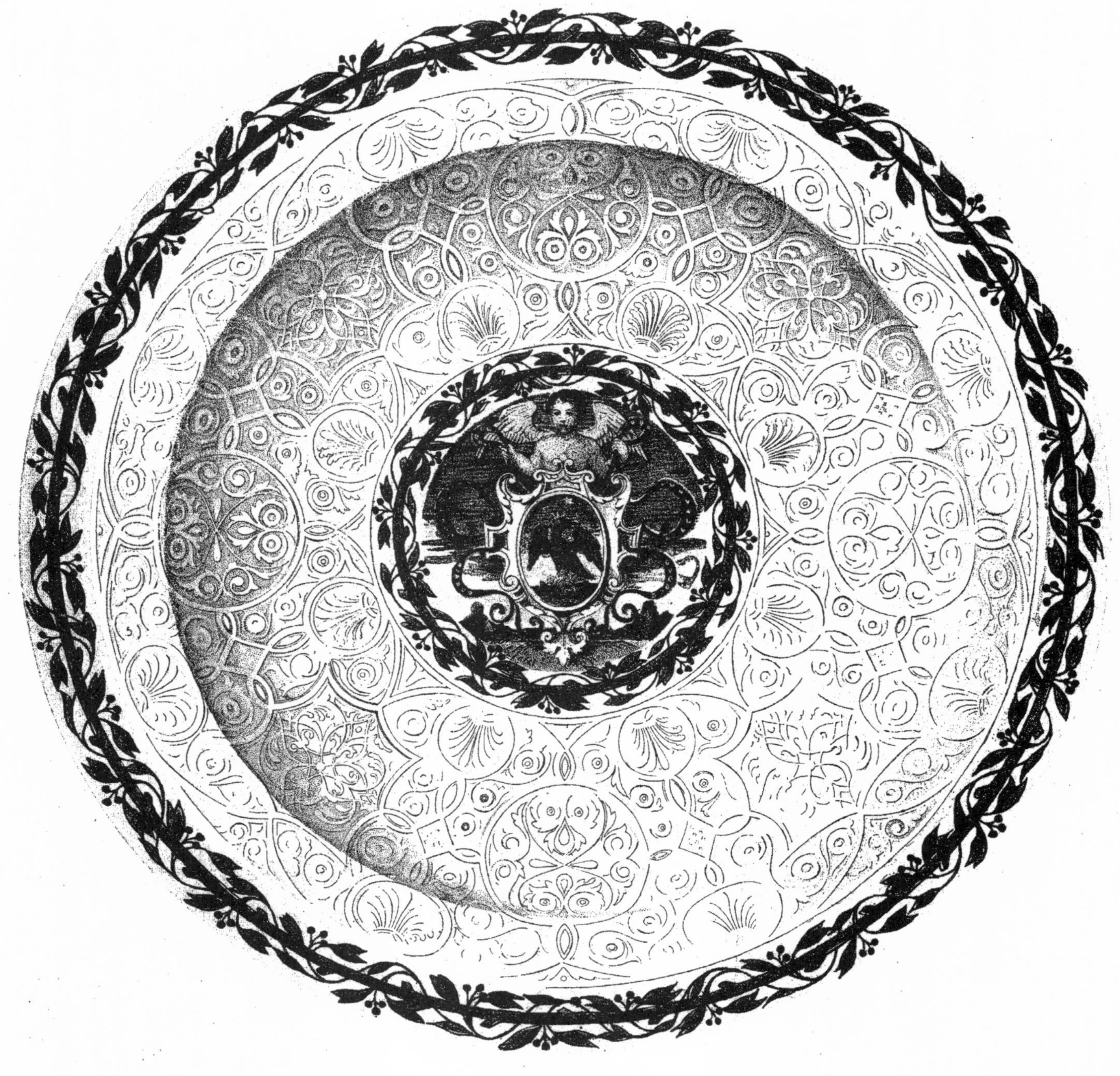

2141

Strasbourg, typ. G. Silbermann.

Nous empruntons à l'excellente publication de M. Edouard Lièvre «*les Arts décoratifs*», ce bel exemple de céramique italienne. Il est difficile, en effet, de rencontrer une plus grande harmonie dans les tons, et plus de finesse et de bon goût dans les entrelacs ornés qui couvrent en entier ce plat de Chaffagiolo. — On peut, il nous semble, féliciter M. Lièvre de faire figurer de semblables objets d'art dans son ouvrage. Avec un goût aussi éclairé et une si grande perfection dans le travail, on doit être sûr du succès.

图中的陶瓷制品从M·爱德华·利夫雷（M.Edouard Lièvre）出版的《艺术装饰》中借鉴而来。这件陶瓷制品的整体色调达到了极致协调，几乎覆盖整个盘子的花纹展现了非凡的工艺和品位。看来我们要为利夫雷先生收录如此艺术性的作品而庆贺。有如此纯正的品位和精湛的工艺，这件物品可以说是非常成功的。

We borrow from M. Edouard Lièvre's excellent publication : The *Arts décoratifs*, this fine sample of Italian ceramic. It is really difficult to find a piece with more harmony in the tones, and more fineness and taste in the ornated twines which entirely cover this Chaffagiolo dish. — It seems to us one may congratulate M. Lièvre on the introduction of such artistic objects in his work. — With so pure a taste and so great a perfection in the working, success ought to be assured

XVIIe SIÈCLE. — ÉCOLE FRANÇAISE.
(ÉPOQUE DE LOUIS XIV.)

GAUFRURE REHAUSSÉE D'OR.
(GRANDEUR DE L'EXÉCUTION.)

COLLECTION DE M. CLERGET.

2142

Strasbourg, typ. G. Silbermann.

On peut rencontrer des gaufrures où les tons sont employés en plus grand nombre et qui atteignent en conséquence à un grand éclat, à une véritable richesse. — Dans l'exemple ci-dessus on s'est borné à l'emploi de trois couleurs ; mais nous sommes loin de croire pour cela qu'on ait produit un travail exempt de tout mérite. (Extrait des *Arts décoratifs* par M. Edouard Lièvre.)

图中的凹凸花纹图案多样，着实是一幅华丽的杰作，令人侧目。图中展示的这部分只有三种颜色，但是我们也能充分感受到整个作品的完美无瑕。（来自M·爱德华·利夫雷的《艺术装饰》）

One may light on gofferings in which exists a greater variegation of tones and which consequently produce a grand eclat and a real richness. — In the present piece three colours have only be used; but we are far from believing that in so doing the artist has produced a work with no merit. (From the *Arts décoratifs* by M. Edouard Lièvre.)

XVIe SIÈCLE. — ÉCOLE DE LIMOGES.

(ANCIENNE COLLECTION GERMEAU.)

ÉMAUX COLORÉS, COSTUMES. — COFFRE EN ÉBÈNE

REVÊTU DE PLAQUES ÉMAILLÉES.

2143 2144

Les colonnettes cannelées de ce coffre sont rechampies de filets dorés. La forme générale du meuble est rectangulaire et divisée sur les grands côtés en quatre parties et en deux sur les petits côtés. Chaque compartiment montre un des douze pairs de France, portant les insignes de la royauté et les instruments du culte, lorsque ces pairs assistent au sacre des rois. Une inscription, régnant autour de chaque plaque, nomme le personnage et indique quelles sont, dans cette cérémonie du sacre, les fonctions qu'il a dû remplir. Nous publierons prochainement un des grands côtés du coffret.

这个箱子上的两个凹纹小柱子以镀金的圆角为装衬。物体为矩形，主面有四个分区，侧面有两个分区。每一部分上都有一个法国人手持皇室象征物品或是荣誉的工具，以表达国王的神圣，一共有 12 个法国人。边上的一圈写的是重要人物的名字和在加冕礼中所承担的角色。我们将选择这个箱子最出色的一面进行发表。

The two small fluted columns of that chest are set off with gilt fillets. The general form of the object is rectangular, with four divisions on the main sides, and two on the small ones. Each compartment shows one of the twelve peers of France holding the insignia of royalty and the instruments of worship borne when present at the consecration of kings. An inscription round each plate gives the name of the personage and indicates the functions he had to perform in this ceremony of the coronation. We are to shortly publish one of the great sides of the chest.

9me
Année.
N° 241
30 Décembre
1869.
ABONNEMENT ANNUEL
France. . . . . 18 fr.
Etranger. . . . 20 fr.
L'Année parue. 25 fr.
L'ART POUR TOUS
ENCYCLOPÉDIE DE L'ART INDUSTRIEL ET DÉCORATIF
Paraissant les 15 et 30 de chaque mois.
PUBLIÉ SOUS LA DIRECTION DE M. C. SAUVAGEOT | FONDÉ PAR M. EMILE REIBER, ARCHITECTE
A. MOREL
ÉDITEUR
13, rue Bonaparte
Paris.

XVIe SIÈCLE. — ART ARABE.
MENUISERIE ET SCULPTURE.

PANNEAUX EN BOIS SCULPTÉ
AU DIXIÈME DE L'EXÉCUTION.

AU MUSÉE ORIENTAL ORGANISÉ PAR L'UNION CENTRALE DES ARTS APPLIQUÉS A L'INDUSTRIE.

2145

2146

2147

2148

Ces quatre panneaux, dont l'ornementation est inscrite dans un cercle, font partie d'un lambris sculpté qui avait trouvé place à l'extrémité d'une des salles de cette exposition rétrospective, que tout le public artiste a admirée, et qui est appelée à jouer un rôle incontestable dans le mouvement qui se fait, ou se fera, dans l'art industriel français.

这四个镶板，其装饰形成一个圆形，被雕刻在艺术回顾展其中一个房间尽头的壁板上。它们无疑是法国工业艺术最好的呈现和代表，并发挥着无可置疑的作用。

These four panels, the ornamentation of which is enclosed in a circle, are a part of a carved wainscot that had found a place at the end of one of the rooms of that retrospective Exhibition which all the artistic public has admired and which has yet to play an unquestionable part in the movement going on or ready to assert itself in the French industrial art.

A MOITIÉ DE L'EXÉCUTION. A MOITIÉ DE L'EXÉCUTION.

Dès le commencement du XVIe siècle, les retables portatifs, du genre de celui-ci, remplacent assez généralement les diptyques et triptyques des XIVe et XVe siècles. — Ils étaient placés derrière l'autel ou bien y reposaient directement. Ce n'est guère que dans les chapelles des châteaux, ou dans de petites pièces désignées alors sous le nom d'oratoires, et où les habitants du château faisaient leurs dévotions, qu'on voyait ces sortes de retables, dont quelques-uns, parvenus jusqu'à nous, sont restés l'exemple d'une richesse incroyable de décoration. Parfois, cependant, les retables sont de simples images devant lesquelles on faisait ses prières. Alors, ces petits monuments portatifs se terminaient, à la base, par une sorte de culot orné, et s'accrochaient sur les murs de la chambre à coucher, tout près du lit, afin que la personne couchée pût, en ouvrant ses rideaux, le voir facilement et le toucher au besoin. — Ces retables, réduits à leur plus simple expression, étaient en général de très-petites dimensions, et il en existe encore un très-grand nombre.

962

Dans le retable ci-contre, d'origine allemande, croyons-nous, les ornements appliqués sur le bois sont en pâte, dorés, et se détachent sur un fond d'azur qui en fait valoir l'élégance et la finesse. — Les feuillages et les fruits sont recouverts d'un vernis coloré qui leur donne en quelque sorte un aspect naturel. — Les colonnes sont cannelées, et chaque cannelure est peinte en bleu, ainsi que le fond de la partie inférieure. Le sujet central est en albâtre et représente le *Christ en croix*. — Dans la petite plaque supérieure, également en albâtre, le Christ est attaché sur la croix, et dans le fronton cintré qui couronne le retable, Dieu le Père, au milieu des nuées, contemple le martyre de son fils.

In the very beginning of the XVIth century, the portable altar-screens, of the kind of the present one, stand generally enough in the rom of the diptychs or triptychs of the XIVth or XVth centuries. — They were placed the altar or stood directly upon it. It is but in castle chapels, or in little rooms, called then oratories, and in which the people of the castle were wont to offer up their prayers, that one could see that kind of altar-screens a few of which have come down to us a proof of an incredible richness of decoration. Sometimes, however, those altar-screens were plain images before which people said their prayers. In such a case, those portable little fabrics were ending at their base, with a sort of ornated bracket and were hung on the wall of the bedroom, very near to the bed, so that the person lying down could, by drawing the curtains, see the pious article and even touch it.—Those altar-screens, when in their plainest form, bad in general small dimensions, and such are still in existence in large numbers.

In this here object, being we think, of German origin, the ornaments charged on the wood, are made of gilt paste, and detach themselves on an azure ground which sets off their elegance and fineness. — The foliages and fruits are covered with a coloured varnish which, so to say, gives them a natural look. — The columns are fluted and each groove is painted blue like the ground of the lower part. The central subject is of alabaster and represents Christ on the cross. — In the small upper plate, in alabaster likewise, Christ is being tied on the *cross, and in the arched frontal*, which crowns the screen, God the father, amidst the clouds, contemplates the martyrdom of his son.

16世纪伊始，图中这种祭坛屏风已经频频出现在14世纪和15世纪的双联画和三联画中。通常用来装饰祭坛或直接放置在祭坛上。一般只在城堡小教堂或者小房间（也叫祈祷室），或者人们习惯去做祷告的地方才能够看到这种祭坛屏风，其中部分流传下来，因此我们也看到了如此华丽精美的装饰成果。然而，有时人们祈祷时面前的祭坛屏风装饰的很朴实。因此，过于精美的在历史的长河中慢慢消失，而这种装饰的毯子却流行起来，通常挂在卧室墙上靠近床的位置，以便于人躺着的时候可以看到甚至触摸到这样虔诚的图画。而比较平实朴素的祭坛屏风一般都是小尺寸的，并仍然大量存在。

我们认为此处的物件源自德国，装饰都是经雕刻刻在木头上，再由油漆上色，整个画面建立在天蓝色的背景上，使得画面优雅高贵。图中的枝叶和水果由清漆上色，因此看起来更加真实自然。柱子外部都有凹槽纹路，每个槽的颜色与下面图画背景色一致。中心的主题是雪花石膏制成的，描述了耶稣被钉在十字架上。上面的小板块里的图像也是雪花石膏制成，耶稣正在被钉在十字架上，在其上方的拱形檐楣中，可以到看父神在云中正在凝视着儿子的殉难。

ÉLÉVATION. — 2149

963

PLAN A LA HAUTEUR DE A-B. — 2150

Dessin de M. L. SAUVAGEOT, Architecte

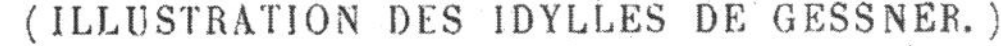

XVIIIe SIÈCLE. — ÉCOLE FRANÇAISE. (ÉPOQUE DE LOUIS XVI.)

VIGNETTES. — CULS-DE-LAMPE, PAR LE BARBIER.

(ILLUSTRATION DES IDYLLES DE GESSNER.)

2151 2152

Tous ces culs-de-lampe, ces vignettes ingénieuses, dont une série a déjà été présentée dans la troisième année de l'*Art pour tous*, sont, dans l'édition des *Idylles de Gessner*, gravés en taille-douce. — Malgré cela, ils se trouvent imprimés dans le texte typographique et avec une véritable perfection.

Il était d'usage à cette époque de graver en taille-douce les fleurons, les vignettes, les têtes de chapitre de tout livre somptueusement édité. — On sait que la gravure sur bois, délaissée alors, a repris de nos jours toute son importance première dans l'illustration typographique.

这些精巧的小插图曾在第三年的《艺术大全》中出现过。它们被雕刻在《格斯纳（Gessner）的田园诗》一版里的铜板上。虽然是被印刷在书面上，还是展现出其完美的技艺。

2153

All these tail-pieces, these ingenious vignettes, of which a series has already appeared in the third year of the *Art pour tous*, are engraved on copper-plate in the edition of *Gessner's Idyls*. — Notwithstanding they are printed into the typographic text and with a real perfection.

It was the custom, at that epoch, to engrave on copper-plate the flowers, vignettes, chapter-heads of any richly edited book. — It is known the wood-engraving, then little esteemed, has now-a-days regained all its first importance in the typographic illustration.

那个时期，对于任何精装书，在铜板上雕刻花朵、小插图、标题装饰等都成了一种风俗。众所周知，木头雕刻现今在印刷插图中又重新取得了重要地位。

2154

2155

9me Année.
N° 242
15 Janvier 1870.
ABONNEMENT ANNUEL
France. . . . . 18 fr.
Étranger. . . . 20 fr.
L'Année parue. 25 fr.
L'ART POUR TOUS
ENCYCLOPÉDIE DE L'ART INDUSTRIEL ET DÉCORATIF
Paraissant les 15 et 30 de chaque mois.
PUBLIÉ SOUS LA DIRECTION DE M. C. SAUVAGEOT | FONDÉ PAR M. ÉMILE REIBER, ARCHITECTE
A. MOREL
ÉDITEUR
13, rue Bonaparte
Paris.

XVIe SIÈCLE. — ÉCOLE FRANÇAISE.
(ÉPOQUE DE LOUIS XII.)

PANNEAUX EN BOIS SCULPTÉ,
(COLLECTION RÉCAPPÉ.)

2156

2157

2158

2159

Ces fragments font suite à ceux déjà publiés dans la sixième année de l'*Art pour tous*, page 681.

Ils sont de la même main évidemment et ont dû décorer la même boiserie. — Les figures centrales doivent être des portraits.

图中片段是第六年《艺术大全》第681页内容的续集。

显而易见，它们出自同一人之手，也用作装饰同样的护壁。中间的图像可能是肖像。

These fragments are a sequel to those already published in the sixth year of the *Art pour tous*, p. 681.

They are evidently from the same hand and were made to decorate the same wainscoting. — The central figures are probably portraits.

ANTIQUITÉ. — ART ROMAIN.

(ORFÉVRERIE. — GRAVURE.)

VASES EN BRONZE.

A L'USAGE DES ATHLÈTES. — CISTES.

(AU MUSÉE NAPOLÉON III, AU LOUVRE.)

2460 2461

Au sommet de ces vases de bronze, sur le couvercle, deux athlètes d'une pose et d'un dessin naïfs s'apprêtent à la lutte. — C'est la partie la moins intéressante des objets. — Il n'en est pas de même des gravures au burin qui pourtournent les flancs verticaux du vase. — Les scènes en sont curieuses et le dessin généralement réussi. — Des anneaux fixés de distance en distance soutiennent une chaînette destinée à faciliter le transport de ces boîtes circulaires posant chacune sur trois pieds ingénieusement décorés.

在图中青铜瓶的上方盖子上有两个运动员，姿势有些笨拙，神态略显憔悴，正在准备进行摔跤运动。这是整个物件较无趣的一部分。但是从位置来看，这个雕刻给整个瓶身的垂直方向定下了基调。等间距的固定圆环上套着链条使得圆形的瓶体更加容易提起；三只瓶脚也都有精美的雕刻装饰。

On the top of the bronze vases, on the lid, two athletes, naively postured and drawn, get ready for wrestling. — It is the less interesting portion of the objects. — Not so with the engravings giving an outline to the vertical sides of the vase. — The scenes there are original and their drawing generally happy. — Rings equidistantly fixed support a little chain contrived so as to make easy the wafting of those circular boxes each resting on three ingeniously ornamented feet.

XIXe SIÈCLE. — ÉCOLE FRANÇAISE CONTEMPORAINE.
(AU MUSÉE DU LOUVRE.)

LA RENAISSANCE. — FIGURE ALLÉGORIQUE,
PAR M. LANDELLE.

2162

Ce tableau se voit actuellement dans la galerie Sauvageot, au Louvre, mais il était destiné à trouver place dans l'ancienne salle des bijoux.

图中这幅画作目前可以在卢浮宫的苏瓦乔画廊看到；但实际上从它被创作出来的那一刻起就注定了会被珍藏在殿堂级的房间内。

This picture is now to be seen in the Sauvageot Gallery of the Louvre ; but it was at first destined to the old jewel room.

ANTIQUITÉ. — ÉPOQUES ROMAINE ET ÉTRUSQUE.

BIJOUX EN OR, EN BRONZE ET EN TERRE CUITE DORÉE.

(AU MUSÉE DU LOUVRE ET A LA BIBLIOTHÈQUE IMPÉRIALE.

2163

Tous ces objets, à l'exception d'un seul, proviennent de l'ancienne collection Campana. — Ce sont des épingles ingénieusement et savamment décorées, d'un fini précieux et d'un très-beau caractère. — Nous ne pouvons en signaler toutes les beautés, la place nous manque.

Quant au collier, c'est un don du duc de Luynes à la Bibliothèque impériale. Il est en or et offre tous les caractères de l'art étrusque.

图上的物品，除了其中一件，其余都来自坎帕纳的收藏。这些都是样式好看装饰精美的发夹，光洁度和风格都毋庸置疑。它们的美我们永远也说不尽。

下方的项链是鲁尼斯（Luynes）公爵送给皇家图书馆的礼物。它是金制的，向我们能展示了伊特鲁里亚艺术的全部特征。

All these things, with the exception of one, come from the late Campana collection. — They are hair-pins nicely and skilfully decorated, with a high finish and a very fine style. — We cannot point out their many beauties; we have no room for that.

As to the necklace, it is a gift of the duke of Luynes to the "Bibliothèque impériale." It is in gold and presents all the characteristics of Etruscan art.

9me Année. N° 243 30 Janvier 1870.

ABONNEMENT ANNUEL
France. . . . . 18 fr
Étranger. . . . 20 fr.
L'Année parue. 25 fr.

L'ART POUR TOUS

ENCYCLOPÉDIE DE L'ART INDUSTRIEL ET DÉCORATIF
Paraissant les 15 et 30 de chaque mois.
PUBLIÉ SOUS LA DIRECTION DE M. C. SAUVAGEOT | FONDÉ PAR M. EMILE REIBER, ARCHITECTE

A. MOREL
ÉDITEUR
13, rue Bonaparte
Paris.

XVIIe SIÈCLE. — ÉCOLE FLAMANDE. **PEINTURE SUR VERRE.**

(AU MUSÉE DU LOUVRE.)

2164

Les tons de ce vitrail sont doux et sans vigueur. On ne sait plus, à cette époque, ni en Flandre ni ailleurs, fabriquer des vitraux éclatants comme nous en ont laissé les XIIe et XIIIe siècles.

Le chiffre qui se voit au sommet dans un cartouche est sans doute celui du donateur.

图中玻璃窗的色调柔和又不失活力。在那个时期，佛兰德和其他地方一样，已经遗忘了 12 世纪和 13 世纪流传下来制造绚丽的有色玻璃的方法。

上方涡卷饰里面的字符可能是捐赠者的标志。

The tones of this glass-window are mild and unmighty. In Flanders as elsewhere, at that epoch, they had unlearnt how to produce shining stained-glasses such as the XIIth. and XIIIth. centuries have left us.

The cipher seen at the top in a cartouch is probably that of the donor.

XVIIIe SIÈCLE. — ÉCOLE FRANÇAISE.
(ÉPOQUE DE LOUIS XV.)

VIGNETTES, — CARTOUCHES, — CULS-DE-LAMPE,
PAR BABEL ET MARVI. — GRAVURE DE CHARPENTIER.

PORTIQUE TOSCAN AVEC PIÉDESTAL
Si l'on veut exécuter l'ordre toscan avec son piédestal, il faudra diviser la hauteur en 22 parties & 1/6, parce que le piédestal doit avoir pour hauteur le tiers de celle de la colonne, y compris base & chapiteau. Cette hauteur sera de 4m,1/2, qui, ajoutés aux 17m,1/2, donnent 22 mètres & 1/6.
ENTRE-COLONNE CORINTHIEN
Pour faire l'ordre corinthien sans piédestal, on divise toute la hauteur en 25 parties égales, dont l'une sera le module que l'on divisera en 18; du reste, on peut voir dans la figure les autres divisions principales & la largeur des Entre-Colonnes qui est de 4m,2/3, tant pour empêcher que l'Architrave ne souffre pas une trop grande portée, que pour distribuer les modillons de la corniche, de telle sorte qu'entre leurs compartiments égaux il y en ait un qui réponde sur le milieu de chaque colonne.

2165

2166

2167

2168

XVIIIe SIÈCLE. — ÉCOLE FRANÇAISE.
(ÉPOQUE DE LOUIS XVI.)

GAINE EN BOIS PEINT ET DORÉ
AU CINQUIÈME DE L'EXÉCUTION.

Nous devons à l'obligeance de M. Savenié, fabricant de bronzes, de pouvoir montrer aux lecteurs de l'*Art pour tous* un des beaux exemples d'objets purement décoratifs fabriqués à la fin du XVIIIe siècle. — Ici, nulle hésitation, nul tâtonnement ne s'aperçoivent, et l'artiste, dans sa composition, semble être resté en dehors du mouvement général consistant à reproduire par à peu près l'antiquité, ou à s'en inspirer visiblement. Il semble, au contraire, s'être souvenu de préférence, au moins sous le rapport de la puissance et de la force, des modèles laissés par le commencement du XVIIe siècle.

Cette gaine, terminée par un vase, est destinée à orner la partie centrale d'un salon, d'une galerie ou d'un vestibule. — Nulle matière précieuse n'est entrée dans sa confection. — Elle est entièrement de bois sculpté, mais ce bois a été taillé par un ciseau exercé et savant. De plus, et pour racheter la pauvreté de la matière, la dorure est venue donner çà et là quelques points éclatants, et les parties pleines du meuble ont été enrichies de peintures simulant des marbres, variés de couleur et de nature. — Le chapiteau ionique qui s'amortit sur le socle proprement dit de la gaine est particulièrement réussi, et attire tout d'abord l'attention. Bref, nous n'hésitons pas à faire l'éloge de ce meuble purement décoratif, et nous souhaitons d'en pouvoir montrer souvent qui aient cette valeur.

We owe to the kindness of M. Savenié, bronzes manufacturer, to be able to present the readers of the *Art pour tous* with one of the finest samples of purely decorative objects made in the style of the XVIIIth. century. — Here no hesitation, no groping to be detected, and the artist in his composition seems to have stood well out of the generally going on movement which consists in reproducing Antiquity by stealth, or openly imitating it. He seems, on the contrary, to have preferently called back to his mind, at least on the point of might and main, models left by the XVIIth. century in its beginning.

This terminal, topped with a vase, is destined to adorn the central part of a drawing-room, gallery or vestibule. — No precious material has entered its making, which entirely consists of carved wood; but this wood was worked out by a skilful chisel. Besides, and to atone for the poorness of the materials, gilding has come and creates here and there shining spots, and the full parts of the article have been enriched with paintings imitating marbles of diverse hues and kinds. — The Ionic capital finishing on the plinth, properly said, of the sheath, is particularly to be admired for its execution, and it draws first attention. In short, we do not hesitate to praise this purely decorative object, and would to the god of arts we were enabled to often show pieces of that value.

不得不感谢青铜器制造商萨维尼先生（M.Savenié），是他使读者们可以在《艺术大全》中看到18世纪最杰出的装饰物件之一。毋庸置疑的一点是，这位艺术家在创作中超越了当时制作古物或秘密或公开模仿的模式。相反，他更加至少在尽全力地回到自己的内心。他的作品于17世纪初留了下来。

柱子顶部有一个花瓶，注定要装饰客厅、画廊或门厅的中央部分。虽然它没有用任何珍贵材料，完全由雕刻的木材构成，但是工艺非常精细。而且，为了弥补材料的不足，瓶身有清漆星星点点的点缀，整个图案上模仿大理石纹理而进行的色彩和样式的变换更是令人称绝。爱奥尼亚式的柱头立于柱基之上，精美的制作值得敬仰，也能在第一时间夺人眼球。简而言之，我们毫不犹豫地赞美这件纯粹的装饰品，并且希望艺术之神能使我们经常展示那些有价值的作品。

2169

XVIIe SIÈCLE. — ORFÉVRERIE ESPAGNOLE.

(APPARTENANT A M. BASILEWSKI.)

RELIQUAIRE EN CUIVRE DORÉ

AVEC MÉDAILLONS EN BUIS.

毫无疑问地说，这件物品与其说是美丽，不如说是古怪；而且补充一点，很难断定它属于的年代甚至时期。

它也没有与同类物件相似的装饰和制作，作为制造地的一项代表作也是有点匪夷所思。然而，我们相信它源自西班牙，但源自两个截然不同的时期。

它所包含的金匠的工艺，恰当地说是镀金铜和精细的制作手法，也许是16世纪末的产物；而圣髑盒中间位置放置木盒上雕刻的五个徽章却将我们带回到12世纪末。

十字架上的耶稣位于圣髑盒中最尊贵的位置；左右两旁各站有一名主教，顶部和底部则是一名使徒和布道者。

五枚未经切割的宝石为整个物件增添了别样风味，反而征服了大量使用金银丝线而产生的杂乱感。图中的雕刻比实际物件的雕刻稍微大一些。要真实还原原作数不尽的装饰细节、所有发光点、各种花朵等等是很难的，当然也不是不可能。正因如此，此处展示的不能够作为模仿的样品。

2170

It may be unhesitatingly said that this here object is more odd looking than beautiful, and it may be added that it is difficult to give him confidently either a date or even an epoch.

Neither has it a kindred of decoration and execution with most objects of the same species, and it stands near to an impossibility to designate the country in which it was manufactured. — Yet we believe it has a Spanish origin, but with two very distinct epochs.

All the goldsmith's work, properly said, copper gilt and showing a careful execution, may be attributed to the end of the xvith. century; whilst the five medallions, in carved box-wood and fixed into the cross or central part of the reliquary, might go back to the end of the xiith. century.

The Christ on the cross has the place of honour in the reliquary; two holy bishops are seen on the right and left, while at the top and bottom stand two Apostles and two Evangelists.

Five uncut precious stones come and throw a certain eclat on the object, in subdueing lightly the profusion which results from the immoderate use of filigranes. — Our engraving is a little larger than the object itself. It was difficult, not to say impossible, to give in sober truth all the numerous ornaments, all the shining spots, the various flowers which decorate that piece of silversmith's art, which, upon the whole, we cannot present as a model to be imitated.

On peut dire sans aucune hésitation que l'objet ci-contre est plus étrange que beau, et on peut ajouter qu'il est difficile de lui assigner d'une façon absolue une date, ou même une époque.

Il n'offre, non plus, aucune parenté de décoration et d'exécution avec la plupart des objets de même genre, et il devient à peu près impossible de désigner le pays qui l'a fabriqué. — Nous le croyons pourtant d'origine espagnole, mais datant de deux époques bien distinctes.

Tout le travail d'orfévrerie proprement dite, en cuivre doré et d'une exécution soignée, peut être attribué à la fin du xvie siècle, tandis que les cinq médaillons en buis sculpté, et fixés dans la croix ou partie centrale du reliquaire, pourraient remonter jusqu'à la fin du xiie siècle.

Le Christ en croix occupe la place d'honneur du reliquaire; deux saints évêques se voient à droite et à gauche, tandis qu'à la base et au sommet sont deux apôtres, deux évangélistes.

Cinq cabochons, ou pierres précieuses, viennent jeter un certain éclat sur l'objet, en calmant un peu la profusion qui résulte de l'emploi immodéré des filigranes. — Notre gravure est un peu plus grande que l'objet lui-même. Il devenait difficile, pour ne pas dire impossible, de rendre dans toute leur vérité tous les nombreux ornements, tous les points brillants, les fleurons variés décorant cette pièce d'orfévrerie, qui ne saurait être proposée, en résumé, comme un modèle à imiter.

9me Année.
N° 244
15 Février 1870
ABONNEMENT ANNUEL
France. . . . . 18 fr.
Étranger. . . 20 fr
L'Année parue. 25 fr.
L'ART POUR TOUS
ENCYCLOPÉDIE DE L'ART INDUSTRIEL ET DÉCORATIF
Paraissant les 15 et 30 de chaque mois.
PUBLIÉ SOUS LA DIRECTION DE M. C. SAUVAGEOT | FONDÉ PAR M. ÉMILE REIBER, ARCHITECTE
A MOREL
ÉDITEUR
13, rue Bonaparte
Paris.

XVIe SIÈCLE. — ART ARABE.

MENUISERIE ET SCULPTURE.

FRAGMENT D'UNE PORTE EN BOIS.

AU DIXIÈME DE L'EXÉCUTION.

2171

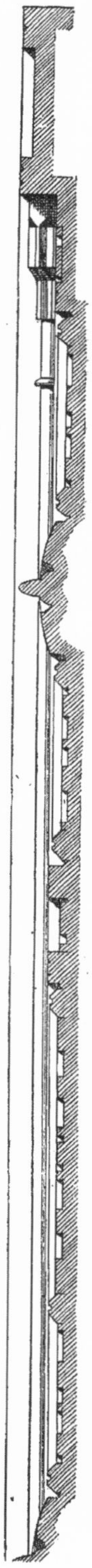

2172

Ce fragment provenant du Caire et que nous avons fait dessiner au Musée oriental, organisé par l'*Union centrale des arts appliqués à l'industrie*, est la partie supérieure d'une porte richement décorée. — En A est l'axe de la porte formé par une colonnette.

La fig. 2172 montre la coupe. Les panneaux inférieurs sont semblables à ceux que nous montrons.

图中的片段是一扇装饰华丽的大门的上半部分，来自开罗，曾在中央艺术联盟组织的东方博物馆回顾展中展示过。在标 A 的位置可以看到作为门轴的小柱子。

图 2172 展示的是垂直切面。下半部分的图案正是图中所示的图案。

This fragment, come from Cairo and which we have had drawn at the Oriental Museum organized by the *Central Union of Fine-Arts as applied to Industry*, is the upper part of a richly ornated door. — In A, is seen the axis of the door formed by a small column.

Fig. 2172 shows the vertical section. The lower panels are like the ones here shown.

ART JAPONAIS ANCIEN. CÉRAMIQUE. — VASES DIVERS.

2173 2174 2175 2176

Le vase fig. 2173 est un *flambé* rouge avec support ajouré. — Fig. 2176, vase orné de plantes et de fleurs de différents tons; — le fond est blanc, les feuillages verts.

La fig. 2174 composée de deux tons vert et brun, et la fig. 2175 craquelée bleu et blanc.

图 2173 是一个花瓶，其底座是一个红色镂空的烛台支撑着它。图 2176 是由不同色调的植物和花朵装饰的一个花瓶。底部是白色的；枝叶是绿色的。图 2174 的花瓶由绿色和棕色两种色调组成，图 2175 中的花瓶则是上有蓝色和白色的釉。

The vase fig. 2173 is a red *flambeau* with open-worked support. — Fig. 2176 is a vase ornated with plants and flowers of different hues. — The ground is white; the foliage green. — Fig. 2174 is composed of two tones, green and brown, and fig. 2175 is glazed blue and white.

XIXe SIÈCLE. — ÉCOLE CONTEMPORAINE. (SCULPTURE.)

PENDULE. — GAINE, PAR M. PIAT.

L'artiste, dans cette composition, semble s'être souvenu des anciennes horloges à gaines que nous avons vues se perpétuer jusqu'au XVIIIe siècle, et, dans certaines provinces, jusqu'à nous. Seulement, il s'est bien gardé de rentrer dans la rigidité de lignes de la plupart de ces dernières, où la sculpture joue en général un rôle très-peu important. — L'auteur de la pendule que nous avons sous les yeux, étant sculpteur, a voulu avant tout ne pas sortir de l'art qui lui est familier et montrer la souplesse, la dextérité, la science de son ébauchoir. — A-t-il atteint son but? incontestablement oui. En dehors de la composition, de l'arrangement qui est des plus ingénieux, on remarque une grande science de modelé, une FURIA de bon aloi et qui semble un des points saillants et caractéristiques du talent incontesté de M. Piat.

C'est d'après le moulage en plâtre, et dans l'atelier de l'artiste, que nous avons fait exécuter notre dessin. Nous ne savons si, depuis, le plâtre est passé à l'état de marbre ou de bronze; toujours est-il que, pour bien le juger, il faudrait voir ce satyre grimaçant, dans un salon somptueux, au milieu d'objets d'art et de meubles de bon goût, et non au milieu des plâtres et des ébauches de l'atelier.

La fig. 2177 montre de profil ce petit monument dont l'originalité, il faut le répéter, est loin d'être la seule qualité.

❀

2177

2178

In this composition the artist appears to have remembered the old sheathed clocks which we have seen perpetuated till the XVIIIth. century, and, in some provinces, till the present time. Only he has taken good care not to use again the rigidity of lines of most of the latter, wherein sculpture generally plays a very unimportant part. — The author of the time-piece placed under our notice, being a sculptor, was above all loath to go out of his art's dominions to him familiar, and desirous of proving the facility, skill and power of his boaster. — Did he hit the butt? — Unquestionably, yes. Besides the composition and arrangement, both most ingenious, we see here a great science in the modelling, a *bona fide* fury, the latter seeming to be one of the salient and characteristic points of M. Piat's uncontroversed talent.

It is after the plaster moulding and in the artist's studio that we have had our drawing executed. We do not know whether the plaster has since become a marble or bronze; well, to judge rightly, one ought to see this grinning satyr in a  sumptuous saloon, among artistic objects and tasteful articles of furniture, but not amidst the studio's casts and sketches.

Fig. 2177 gives the profile of that little fabric, the originality of which as far from being the only quality it possesses.

❀

在这个作品中，这位艺术家似乎还记得那些古老的护套钟表，我们看到这种钟一直延续到18世纪，甚至在一些省份一直延续到今天。但是只有他摈弃了护套钟表中死板的划线，因为在雕刻中线条一般都不太重要。他作为一个雕刻家，超越了自身艺术风格的局限，希望通过自身努力真正达到作品、技艺和力量的融合。他成功了吗？当然成功了。除了构造和布局之外，我们看到的最精妙的是在建模上的科学性，这也是他天赋中最突出、最独特的品质。

我们的绘画是在石膏模塑完成后，在艺术家的工作室里完成的。

这个石膏最终的成品是大理石材质的还是青铜材质我们无从知晓；事实上，我们应该从在豪华的酒馆里的众多艺术作品中间看到这个表情狰狞的萨蒂尔（Satyr），而不是在工作室或者从草图里面看到。

图2177给出了那块小织物的轮廓，它的独创性远不是它唯一的品质。

ANTIQUES. — TERRES CUITES.

VASE VOTIF ET STATUETTES.

(COLLECTION DE M. CASTELLANI)

2179

2180

2181

La fig. centrale 2180 est un des rares vases votifs parvenus jusqu'à nous. — Il est désigné par M. Castellani sous le nom de *Vase de Canosa* et paraît dédié aux divinités vengeresses. Un groupe de serpents naît d'une tête de Méduse au sommet de laquelle se dresse une figure ailée.

La fig. 2179 est une statuette de la Victoire remarquable par son attitude et par sa coiffure complétée d'une couronne.

La fig. 2181 représente une femme voilée ou entourée du *clapystra*, voile porté en public par les jeunes femmes de Grèce et d'Italie, pour dérober leurs traits aux regards des étrangers. Ici le voile est descendu. Ordinairement il était porté de façon à cacher entièrement la figure, à l'exception de la partie supérieure du nez et des yeux.

中间的图2180是流传下来为数不多的许愿瓶之一。卡斯泰拉尼先生（M.Castellani）将它命名为《卡诺萨花瓶》，似乎是专门用作报复神的。一群蛇围着美杜莎（Medusa）的头，头上还站着一个长翅膀的人。

图2179是一个奖杯，她的神态以及头饰都是为加冕量身打造的。

在图2181中，是一位蒙着面纱的女性，这种面纱是希腊和意大利的年轻女性为防止被陌生人看到而戴上的。这里的面纱部分被掀开了。通常戴上它是为了完全遮住脸，除了鼻子和眼睛的部分。

The central fig. 2180, is one of the rare votive vases which have come to us. — It is designated by M. Castellani under the name of *Canosa vase,* and seems to be dedicated to the avenging deities. A cluster of serpents issues from a Medusa's head, at whose top stands up a winged figure.

Fig. 2179 is a statuette of Victory remarkable for her attitude and head-dress which is completed by a crown.

In fig. 2181, is represented a veiled female or one covered with the *clapystra,* a veil which the young women of Greece and Italy were wont to wear in public, to avoid being seen by strangers. Here the veil is partially down. It was usually donned so as to entirely hide the face with the exception of the upper part of the nose and the eyes.

9me Année.
N° 245
28 Février 1870.
ABONNEMENT ANNUEL
France. . . . . 18 fr.
Étranger. . . . 20 fr.
L'Année parue. 25 fr.
L'ART POUR TOUS
ENCYCLOPÉDIE DE L'ART INDUSTRIEL ET DÉCORATIF
Paraissant les 15 et 30 de chaque mois.
PUBLIÉE SOUS LA DIRECTION DE M. C. SAUVAGEOT | FONDÉ PAR M. EMILE REIBER, ARCHITECTE
A. MOREL
ÉDITEUR
13, rue Bonaparte
Paris.

ART JAPONAIS ANCIEN.

(COLLECTION DE L'AMIRAL COUPVENT-DES-BOIS.)

FONTAINE EN BRONZE NIELLÉ D'ARGENT,

AU QUART DE L'EXÉCUTION.

2182

La forme générale de cette ontaine n'offre rien d'absolument heureux. — On n'y voit guère, en réalité, qu'une succession de formes rondes ou arrondies ne décelant aucun effort d'imagination, aucune recherche sérieuse du beau. Mais si on passe à l'examen des chimères et des dragons ailés qui décorent les flancs du vase, on est émerveillé de la façon dont ils sont exécutés et fondus. — Les nielles, que nous n'avons pu réserver en lumière comme sur l'original, sont aussi remarquables à plus d'un titre.

图中所示的这种喷壶确实值得夸赞。在这上面装饰不多，仅有一系列圆形或弧形的图案，引发人的无限遐想。但是，对装饰花瓶腹部的奇美拉和飞龙的研究，会让人对它们的制作和铸造方式感到惊奇。值得注意的是，在图上无法呈现出乌银镶嵌的光泽，当然不止这一方面。

The general form of this fountain presents nothing absolutely praise-worthy. — Indeed, therein one sees little but a succession of rounded or roundish shapes disclosing no great effort of imagination, no serious seeking of what is handsome. But an examination of the chimeræ and winged dragons, which decorate the vase's belly, will strike one with wonder for the fashion in which they have been executed and cast. — The niellos, to which we were unable to give the light they enjoy in the original, are remarkable, too, on more than one respect.

XVIIe SIÈCLE. — FERRONNERIE FRANÇAISE. RAMPES D'ESCALIER EN FER FORGÉ.

Fig. 2183, à 0m,10 centimètres pour mètre, se voit rue Neuve-des-Petits-Champs, 13. — Les feuillages sont en bronzes appliqués.

Détail de la partie A, au vingtième de l'exécution.

Fig. 2185, à 0m,10 centimètres pour mètre, se voit rue Radziwil. Les feuillages sont en tôle appliquée.

XVIIIe SIÈCLE. — ÉCOLE DE LIMOGES.

(COLLECTION DU PRINCE CZARTORYSKI.)

ÉMAUX COLORÉS. — COSTUMES.

COFFRET EN ÉBÈNE REVÊTU DE PLAQUES ÉMAILLÉES.

Lorsque nous fîmes dessiner ce curieux et intéressant coffret émaillé, il appartenait à feu M. Germeau, dont la collection était à juste titre célèbre entre toutes. — Depuis il a été acquis par le prince Czartoryski, pour le musée si riche et si varié que cette famille illustre et amie des arts se plaît à établir dans l'ancien hôtel Lambert. — C'est au milieu d'objets artistiques et historiques de toute sorte, et, disons-le, du plus rare mérite, que nous l'avons revu dernièrement. Nous n'en avons pas été surpris, car il avait droit à figurer dans cette magnifique collection, à l'ombre des lambris décorés par Lebrun et Lesueur.

Dans un de nos derniers numéros, nous montrions les deux petits côtés du coffret (voy. page 960); aujourd'hui, c'est l'un des grands côtés que nous figurons. On y remarque une disposition identique aux côtés extrêmes, et la seule différence vient de quatre plaques émaillées que l'on y voit, au lieu de deux. — Les pairs de France, représentés en grand costume de cérémonie sur chacune des plaques ou panneaux, et séparés entre eux par des colonnettes torses, sont : l'évêque de Noyon, portant la ceinture du roi, le duc de Normandie, portant la bannière de France, aux trois fleurs de lis; l'évêque de Beauvais, dont la mission était de porter la cotte d'armes, puis le comte de Flandres, tenant en main l'épée royale. Le blason de ces grands seigneurs, pairs du royaume, est figuré à leurs pieds.

On peut affirmer sans crainte que ce coffret en ébène est un objet historique des plus précieux. Les costumes y sont figurés avec fidélité, et il n'est pas jusqu'aux légendes pourtournant chaque plaque émaillée qui ne viennent ajouter à l'intérêt du meuble par leur rédaction naïve et simple.

热尔姆先生（Mr. Germeau）的收藏价值连城，图中奇特又有趣的搪瓷保险箱就是其中之一。这个名声显赫、热爱艺术的家族在兰伯特酒店建立了一个博物馆。它被恰尔托雷斯基（Czartoryski 王子购买，作为博物馆的珍宝之一。在各种艺术和古文物中，我们再一次看到了它。它足足可以算得上是一件珍贵的收藏，因此在勒布伦（Lebrun）和勒叙厄尔（Lesueur）装饰的画廊中出现并不奇怪。

在前几页中已经展示过了这个保险箱的两个较小的面（参见第960页），现在我们展示的是一个大面。有人可能会注意到末端特殊的构造是四块而不是两块。每个小块里的法国人都穿着高级礼服，两两之间由凹陷的柱子隔开，这四个人分别是：戴着国王腰带的努瓦永（Noyon）主教、手拿法国条幅的诺曼底（Normandy）公爵、职务为皇家装甲的博韦（Beauvais）主教，最后一个是手中拿剑的弗兰德斯（Flanders）。在他们脚下，他可以看到王国贵族的纹章。

黑檀木据说是最稀有的一种历史文物。图中所展示的每块图像中，精美的服饰和简言不仅给我们带来了丰盛的视觉享受，更是引起了无限的兴趣。

2186

When we had this curious and interesting enamelled coffer drawn, it was owned by Mr. Germeau, whose collection was, and justly too, celebrated amongst all. — It has been purchased since by prince Czartoryski for the museum so rich and so varied which the illustrious and art loving family of that name delights to establish in the Lambert Hotel. — It is amidst artistic and historical objects of every kind and let us add, of the rarest merit, that we saw it again. We were not surprised at its being there; for it had a right to rank in that magnificent collection, in the galleries adorned by Lebrun and Lesueur.

In one of our last numbers we have given the two small sides of the coffer (see p. 960); to-day we show one of the great sides. One will mark in it an identical disposition with those of the extremities, and the only difference comes from there being four enamelled plates instead of two. — The peers of France, represented in high state-dress on each plate or panel, and separated from each other by twisted columns, are: the bishop of Noyon bearing the king's belt; the duke of Normandy holding the banner of France with its three flowers-de-luce, the bishop of Beauvais whose office was to bear the royal armour, and lastly the count of Flanders having in his hand the king's sword. The escutcheons of those great lords, peers of the realm, are to be seen at their feet.

It may be fearlessly professed this ebony chest is a most precious historical object. The costumes are given accurately therein, and the very legends of the enamelled plates come and enhance of interest by their simple and artless wording.

XVIe SIÈCLE. — SCULPTURE ET ÉBÉNISTERIE FRANÇAISES.

(ÉPOQUE DE HENRI III.)

MEUBLES. — TABLE EN BOIS DE CHÊNE SCULPTÉ.

(COLLECTION DE M. RÉCAPPÉ.)

The end of the xvith century saw the manufacturing of a great many tables of a shape analogous to the one here represented. — More or less ornated, with more or less elegance, those tables did not yet come out of a general form which, we will go as far as that, was favourable to a good decoration. — But did carvers and cabinet makers of that epoch alway known how to improve this outline borrowed from the preceding reigns, and did not, at their hands, taste and style suffer a kind of deviation little apparent, at first, but more obvious afterwards? To judge from the example now under our notice, one is obliged to confess to its rather heavy sculpture. — We are already far from the models with studied and skilful lines, with sober but exquisite ornamentation, all due to du Cerceau's school. — Yet, here are to be found again the decorative aspect, the ampleness and power are far from being absent; but fineness has disappeared and instead of an unquestionably beautiful work, possess only a still commanding work, that is true, but on more than a score leaving something to be desired.

2487

所示的这类桌子制造于16世纪末。这类桌子无论从装饰上来讲，还是从样式来讲，都未曾脱离一般的桌子模式，我们也将尽力达到这种桌子的工艺精美程度。那个时期的雕刻师或橱柜制造工匠是否知晓如何从之前的作品中走出来，他们作品的品位和风格是否相较之前的有些许偏离呢？是否这种变化最初不明显，但之后的作品越来越明显呢？从这里展示的作品来看，恐怕我们必须要承认这的确是一个比较庄严的雕刻作品了。因为它素净且精致的装饰与之前模型中灵活的线条差别较大，而这一切都归功于塞尔索的学校。然而，这个作品中表现出来的丰茂和力量是毋庸置疑的，而且不太追求作品的精细度，而是更加注重整体的美观，也使得作品看上去更加威严，几近达到了完美的程度。

La fin du xvie siècle vit fabriquer un très-grand nombre de tables d'un modèle analogue à celui que nous montrons ci-dessus. — Plus ou moins ornées, plus ou moins élégantes, ces tables ne sortaient guère cependant d'une forme générale qui prêtait, il faut l'avouer, à une bonne décoration. — Mais les sculpteurs ou ébénistes de cette époque surent-ils profiter toujours de ce cadre emprunté aux règnes précédents, et le bon goût, en leurs mains, ne subit-il pas une sorte de déviation, peu sensible d'abord, plus sensible ensuite? Si nous en jugeons par l'exemple que nous avons sous les yeux, nous devons constater que la sculpture s'y trouve assez lourde. — Nous sommes loin déjà des gracieux modèles aux lignes étudiées, raisonnées, aux ornements sobres et exquis laissés par l'école de du Cerceau. — Toutefois l'aspect décoratif s'y retrouve, l'ampleur et la puissance sont loin d'y faire défaut, mais les finesses ont disparu, et, au lieu d'une œuvre complétement belle, on n'a plus qu'une œuvre imposante encore, il est vrai, mais laissant à désirer sous plus d'un point.

N° 246

9me Année.

15 Mars 1870.

ABONNEMENT ANNUEL
France. . . . . 18 fr.
Étranger. . . . 20 fr.
L'Année parue. 25 fr.

L'ART POUR TOUS

ENCYCLOPÉDIE DE L'ART INDUSTRIEL ET DÉCORATIF

Paraissant les 15 et 30 de chaque mois.

PUBLIÉ SOUS LA DIRECTION DE M. C. SAUVAGEOT | FONDÉ PAR M. ÉMILE REIBER, ARCHITECTE

A. MOREL
ÉDITEUR
13, rue Bonaparte
Paris.

XVIIe SIÈCLE. — ÉBÉNISTERIE FRANÇAISE.

(ÉPOQUE DE LOUIS XIII.)

MOBILIER. — CABINET OU MEUBLE A DEUX CORPS,

AU SEPTIÈME DE L'EXÉCUTION.

Comme presque tous les meubles dits *cabinets*, véritables corbeilles de noce des XVIe et XVIIe siècles, le meuble ci-contre est à deux corps et la partie supérieure en retraite sur la partie inférieure. — Il est exécuté en noyer, enrichi de sculptures, et çà et là de quelques plaques de marbre qui ont pour but de détruire la monotonie résultant de l'emploi d'une essence unique de bois.

La structure, l'ordonnance générale du meuble sont fermes, bien entendues, les moulures d'un bon profil, la sculpture bien à sa place et partant subordonnée aux lignes qui ont pour mission de la contenir et de la calmer. — Ce meuble est donc de la bonne école et inspiré de formes architecturales suffisamment modifiées cependant pour l'emploi du bois. — Il sera partout à sa place et s'accordera comme ameublement avec toute espèce de décoration. On en pourrait dire autant de certains meubles d'origine flamande où la forme générale disparaît sous une véritable débauche de sculptures et de moulures maladroitement combinées, et qui ont longtemps séduit collectionneurs et artistes.

Dans la partie inférieure de ce cabinet, nous voyons sur les deux panneaux servant de portes, Diane et Junon sculptées en bas-relief. — Les tiroirs placés plus haut sont décorés: celui du centre, d'un mufle de lion auquel est suspendu un anneau; les deux autres, d'un simple bouton saillant. — Dans les panneaux du haut, le berger Pâris présente la pomme à Vénus, qui l'emporte en beauté sur ses rivales. Une guirlande de fruits, avec masque humain au centre, succède à ces panneaux sculptés, puis, pour couronnement du meuble, se dresse entre un fronton interrompu une Pallas armée.

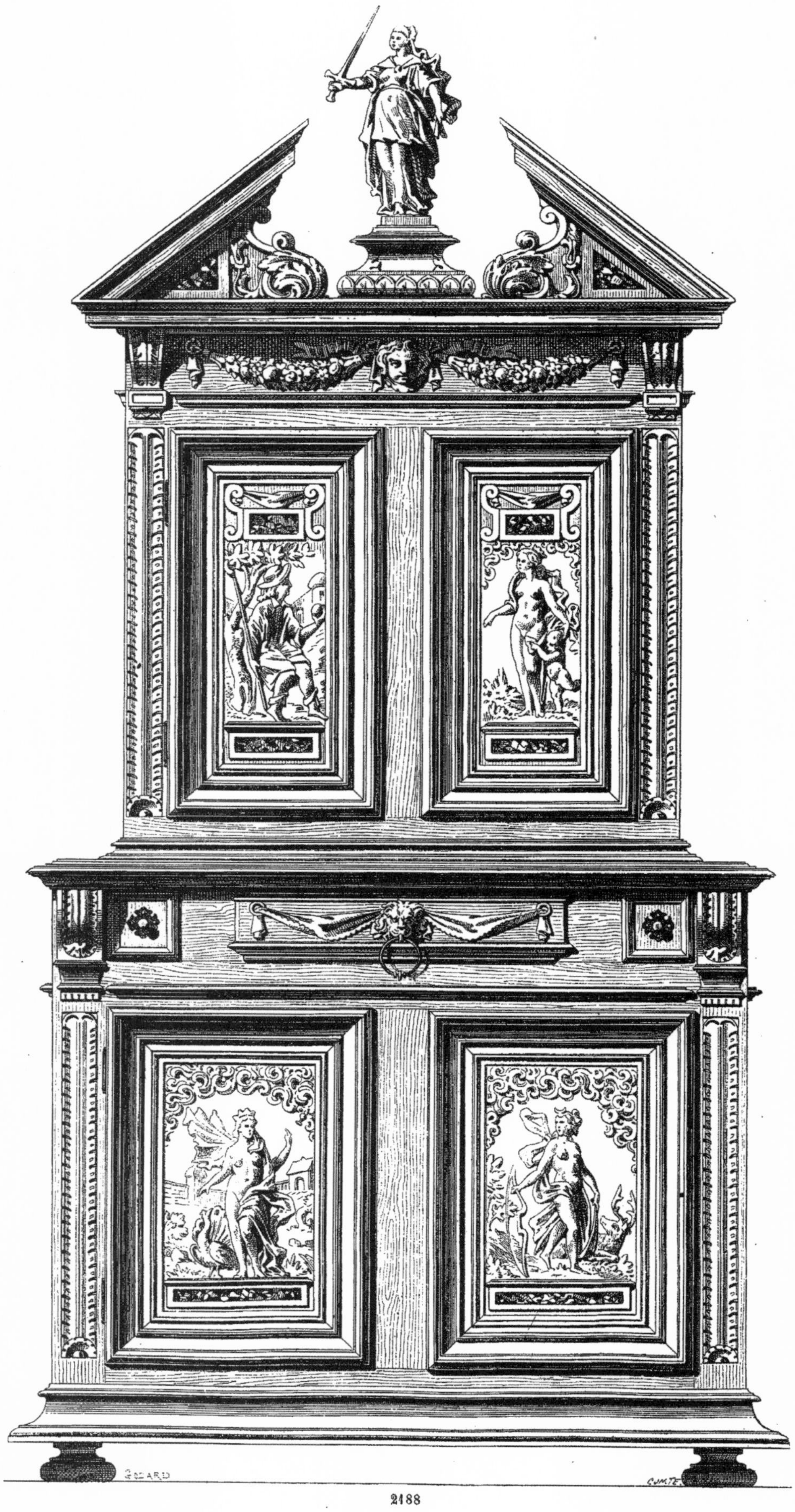

Like almost all the household objects called *cabinets*, real wedding-boxes of the XVIth. and XVIIth. centuries, the present piece has two compartments and the upper one is retreating on the lower. — It is made of nut-wood, adorned with carvings and here and there marble plates which come and break up the monotony resulting from the use of an only species of wood.

The structure and general disposition of the object are vigorous and well contrived, the mouldings have a nice profile, the sculpture is in the right place and consequently surbordinate to the lines whose mission is to restrain and compose it. — Thus the article is of the good school and was endowed with architectural forms, sufficiently modified, though, to admit the use of the wood. — It will be everywhere in its place, and, as a piece of household furniture, will tally with every kind of decoration. One may affirm that it would not be safe to say so much of certain articles having a Flemish origin, wherein the general form disappears under an intemperate profusion of sculptures, mouldings, in unskilful combination, and which have for a long time beguiled collectors and artists.

In the inferior part of this cabinet, we see on the two panels serving as door, Diana and Juno sculpted in low-relief. — The drawers existing higher are decorated, the central one with a lion's muzzle wherefrom hangs a ring, the two other with a prominent knob. — In the superior panels, the shepherd Paris offers the apple to Venus who has surpassed her rivals in beauty. A garland of fruits, with a human mask in the centre, comes after those carved panels; then, as a crowning piece, in the cut of an interrupted frontal an armed Pallas stands erect.

图中展示的婚礼柜与橱柜等其他的家具物品一样都是源自 16 世纪和 17 世纪，共有上下两层，上面一层相较下面一层来讲位置上靠后一些。由榛木制成，随处点缀着雕刻装饰和大理石块，避免了仅用榛木带来的单调乏味。

婚礼柜的结构和布局都充满活力，设计完美，模型轮廓漂亮，整体雕塑都恰到好处，使得本该限制其结构的线条都黯然失色。因此此物件的工业形式值得遗留下来，但是木头的材质完全可以进行改良。作为一件家用物件，它可以通过各种形式进行装饰。有人可能会质疑这样的物件来自佛兰德，因为在这个地方一般的工业形式都被过量的劣质雕塑、模型掩埋，也曾一度迷惑了众多收藏家和艺术家们。

在这个橱柜的下面部分我们可以看到的两个面板是两扇门，分别是用半浮雕雕刻的黛安娜（Diana）和朱诺（Juno）。上面的抽屉上也有精美的装饰；中间的抽屉上刻有口部套环的狮子，而两端各有一个显眼的球形把手。上方的面板图案中所画的是牧羊人帕里斯（Paris）正在给艳压群芳的维纳斯（Venus）递一个苹果。再上面是一串花环，中间刻有一张人脸；在最上方被截断的尖顶中间，雕刻着智慧女神帕拉斯（Pallas），她全副武装站立在整个物件顶部。

2188

XVIII° SIÈCLE. — ÉCOLE FRANÇAISE.
(ÉPOQUE DE LOUIS XV.)

VIGNETTES — CARTOUCHES — CULS-DE-LAMPE,
DESSINÉS PAR BABEL, GRAVÉS PAR CHARPENTIER.

ENTRE-COLONNE DORIQUE
Pour dessiner l'ordre dorique sans piédestal, il faut diviser toute la hauteur en 20 parties, une desquelles sera le module que l'on divisera en 12 parties. La base aura un module, le fût de la colonne quatorze modules & le chapiteau un module. Les quatre modules qui restent, qui font le quart de la colonne, avec base & chapiteau, seront pour l'entablement, l'architrave, un module. La frise & la corniche chacune un module & demi.

Babel. 2189 Charpentier.

Extrait du « Livre nouveau, ou Règle des cinq ordres d'architecture, par Jacques Barozzi de Vignole, revue et corrigée par M. B..., architecte du roy. — A Paris, chez Charpentier, rue Saint-Jacques, au Coq, — avec privilége du roy. » — Toutes les planches de ce curieux livre montrent, dans l'entrecolonnement des ordres, des personnages vivants, des scènes variées, des allégories souvent ingénieuses qui ôtent à ces détails d'architecture leur rigidité absolue. — La figure centrale représente un de ces sujets. — Les deux cartouches se voient à la base de chacune des feuilles.

摘录自"《新书》或《五大建筑规则》，由雅克·巴罗齐·德·维尼奥勒（Jacques Barozzi de Vignole）编写，由国王建筑师M.B.修正。在巴黎圣雅克街，位于公鸡的标志处；经过皇家特许经营权。"这本书里提到的

2190

An extract from the "Livre Nouveau, or Rule of the five orders of architecture, by Jacques Barozzi de Vignole, revised and corrected by M. B..., architect to the king. A Paris, at Charpentier's, Saint-James-street, at the sign of the Cock; by royal franchise." All the plates of this curious book show, in the intercolumniation of the orders, live personages, varied scenes, allegories often ingenious and relieving those details of architecture from their rigidity and tediousness. — The central figure represents one of those subjects. The two cartouches are to be seen at each base of each sheet.

所有的版块，无论在专栏间的布置、人物的描述、不同的场景、寓言故事等，巧妙地把建筑的细节特征从僵化和乏味的风格中解脱出来。图中中间位置的人物正是一个典型的例子。在两张纸张下方都能看到有涡卷图案的装饰。

PIÉDESTAL ET BASE IONIQUE AVEC SON PLAN
Le piédestal de l'ordre ionique doit avoir six modules de hauteur, sçavoir cinq modules pour le Dé, compris le filet supérieur de la base & l'inférieur de la corniche. Ces deux dernières parties ont chacune un demi-module, & la base de la colonne un module, non compris son listel.

Babel. 2191 Charpentier.

XVIIIe SIÈCLE. — ÉCOLE FRANÇAISE. ANCIEN HOTEL DE SOUBISE, A PARIS.

DÉCORATION INTÉRIEURE. — TRUMEAU SCULPTÉ, AU DIXIÈME DE L'EXÉCUTION.

Nous avons déjà publié et nous publierons encore plusieurs motifs de décoration empruntés à l'ancien hôtel de Soubise à Paris, aujourd'hui les Archives impériales. — L'excellent parti pris décoratif dont cette habitation seigneuriale du xviiie siècle est empreinte méritait assurément de fixer notre attention et celle de nos lecteurs. — L'architecture proprement dite, la structure et la décoration du bâtiment, déjà fort remarquable, le cède encore aux décorations variées de l'intérieur, où rien ne semble avoir été épargné pour atteindre aux limites extrêmes du beau comme composition, et de la perfection de la main-d'œuvre.

On sait que l'hôtel vraiment princier de la rue du Chaume fut commencé d'abord par le connétable Olivier de Clisson, puis continué, à diverses reprises, par les ducs de Guise et par les princes de Soubise. La grande cour d'honneur de l'hôtel qui frappe le regard par sa monumentale décoration, sa colonnade d'une admirable proportion, est l'œuvre de l'architecte Lemaire, qui en traça les plans en 1706.

La décoration que nous montrons aujourd'hui appartient au salon principal, œuvre de Boffrand. — Les peintures sont de Boucher, à l'exception du plafond peint en entier par Trémollière.

我们之前已经出版过并且之后还会继续出版巴黎一家古老的苏比斯酒店借鉴而来的装饰作品，它现在是帝国档案馆。这种极致精美的装饰风格源自18世纪富丽堂皇的宅邸中，非常值得引起我们以及众多读者的注意。毫不夸张地说，无论是从构造还是从制作上，即使是这座宅邸已经足够精美的结构和装饰也无法与其内部装饰达到的完美极致相媲美。

我们知道，香榭丽舍大街上真正的王侯酒店是首先由奥列维·德·克利松（Olivier de Clisson）先生建立，然后在不同时期，由古泽（Guise）公爵和苏比斯（Soubise）王子改造。这座酒店主庭院设计于1706年，是由建筑师

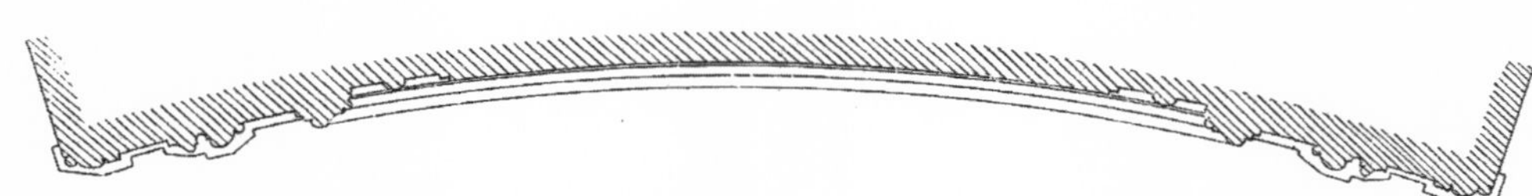

We have already published and we intend still to publish several decorative motives borrowed from the old Soubise Hotel in Paris, now the imperial Archives. — The excellent decorative style which reigns in that lordly mansion of of the xviiith. century was assuredly deserving to fix our attention and that of our readers. — The properly said architecture, the structure and decoration of the building, remarkable by themselves, are yet second to the various decorations of the interior wherein nothing seems to have been spared in order to reach the extreme limits of the Fine, in composition, and of perfection itself, in execution.

It is well known that the very princely hotel of the "rue de Chaume" was begun by the constable of France Oliver of Clisson, and at several times continued by the dukes of Guise and the princes of Soubise. The large principa court of the hotel, which is so impressive for its monumental decoration and its colonnade with admirable proportions, is the work of the architect Lemaire, who gave its plans in 1706.

The decoration which we show to-day belongs to the principal saloon, a work by de Boffrand. — The pictures are due to Boucher with the exception of the ceiling, entirely painted by Trémollière.

勒迈尔（Lemarie）建造的，其宏伟装饰和完美比例令人叹为观止。

如今我们展示的装饰品是其酒店内的一部分，由博佛然（Boffrand）建造。除了特雷莫利埃（Trémollière）画的天花板外，其余绘画都是出自布歇（Boucher）之手。

XIIe SIÈCLE. — ÉCOLE FRANÇAISE. (ÉPOQUE ROMANE.)

CHAPITEAUX SCULPTÉS EN PIERRE, DANS DIVERS ÉDIFICES.

2493

Les fig. 1 et 2 proviennent de l'église abbatiale de Saint-Benoît-sur-Loire. — Les figures 3 et 4 sont déposées au musée de Cluny, à Paris, et appartiennent à l'art roman du midi de la France.

Figures 1 and 2 come from the abbatial church of Saint-Benoît-sur-Loire. — Figures 3 and 4 are in the Cluny Museum, at Paris, and belong to the Romanic art of the south of France.

图 1 和图 2 来自圣伯诺的修道院教堂。图 3 和图 4 是在巴黎克吕尼博物馆，属于法国南部的浪漫主义艺术风格。

2494

2495

2496

9me Année. N° 247 30 Mars 1870.
ABONNEMENT ANNUEL
France. . . . . 18 fr.
Étranger. . . . 20 fr.
L'Année parue. 25 fr.
L'ART POUR TOUS
ENCYCLOPÉDIE DE L'ART INDUSTRIEL ET DÉCORATIF
Paraissant les 15 et 30 de chaque mois.
PUBLIÉ SOUS LA DIRECTION DE M. C. SAUVAGEOT | FONDÉ PAR M. EMILE REIBER, ARCHITECTE
A. MOREL
ÉDITEUR
13, rue Bonaparte
Paris.

XIXe SIÈCLE. — ÉCOLE CONTEMPORAINE. **DÉCORATION ARCHITECTURALE,**

PAR M. F. DUBAN, ARCHITECTE.

2197

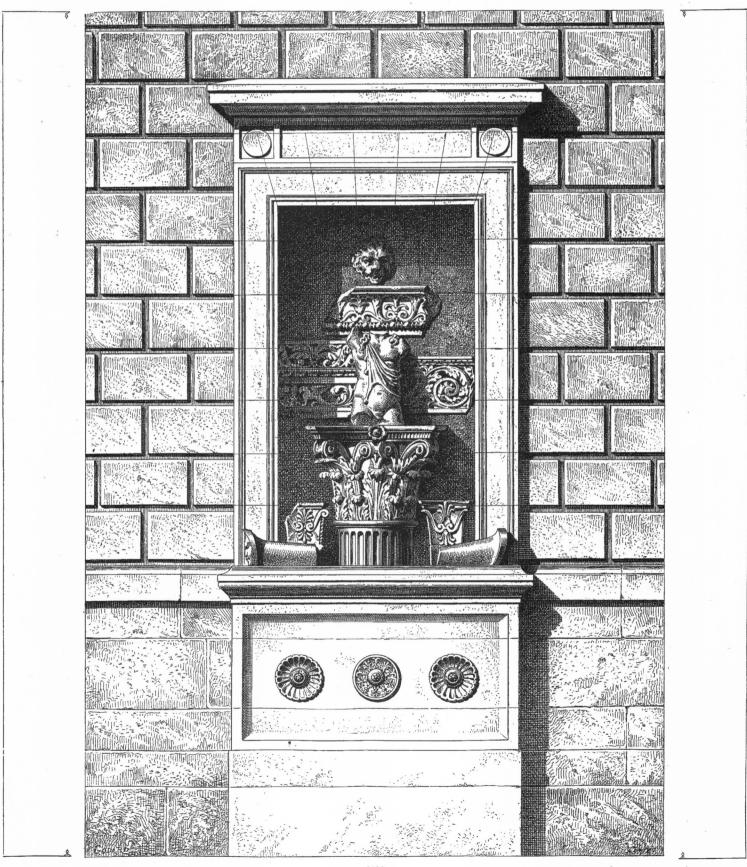

Niche décorée de fragments antiques, existant au soubassement de la façade principale de l'École des Beaux-Arts, à Paris.

在巴黎美术学院主立面的底部，有一个用古董碎片装饰的壁龛。

A nich decorated with antique fragments which exists at the base of the main facade of the „ École des Beaux-Arts," in Paris.

XVIIe SIÈCLE. — FABRIQUE FRANÇAISE.
(ÉPOQUE DE LOUIS XIV.)

TENTURE D'APPARTEMENT EN SOIE.
(AUX 2/5es D'EXÉCUTION.)

C. Chauvet, del. 2198 Ad. Levié, lith.

Provenant de l'alcove de la princesse de Rohan-Soubise, à l'ancien hôtel de Soubise à Paris.

在巴黎古老的苏比斯酒店里，罗汉·苏比斯（Rohan-Soubise）公主壁龛内的一副挂饰。

Piece of hangings from the alcove of princess of Rohan-Soubise, at the old Soubise Hotel in Paris.

XIIIe SIECLE. — FABRIQUE ALLEMANDE. TISSUS. — FRAGMENT D'ÉTOFFE.

C. Chauvet, del. 2199 Ad. Levié, lith.

Ce fragment se voit au Musée de Cluny à Paris; il est reproduit de la grandeur même de l'original.

在巴黎克吕尼博物馆内可以看到图中碎片，复制品与真品的规格完全相同。

This fragment is to be seen at the Cluny Museum of Paris: the reproduction is of the exact size of the original.

XVIIIe SIÈCLE. — ÉCOLE FRANÇAISE.
(ÉPOQUE DE LOUIS XV).

VIGNETTES, CARTOUCHES, CULS-DE-LAMPE,
DESSINÉS PAR BABEL, GRAVÉS PAR CHARPENTIER.

请参见《艺术大全》之前的内容。

2200

PLAN ET ÉLÉVATION D'UNE MAISON DE PLAISANCE
SITUÉE DANS UN PARC

Remarque.

Il y avait des entre-sols au-dessus des petits cabinets & garde-robes, tant à l'appartement de la droite qu'à celui de la gauche, &c., &c.

HK.

2201

CHAPITEAU ET ENTABLEMENT COMPOSITE

Les proportions de cet entablement sont si semblables à celles du corinthien que la corniche n'a que deux parties de moins de saillie & que les hauteurs de l'Architrave, frise & corniche sont les mêmes. Vignole a tiré cet entablement de plusieurs Morceaux qui se trouvent parmi les antiquités de Rome. L'Architrave est imité du Frontispice de Néron & de la basilique d'Antonin, & la frise de l'Arc de Septime-Sévère, Vignole n'ayant pas jugé à propos d'imiter celle de la basilique.

HK.

2202

Voyez les précédents numéros de l'*Art pour tous*.

See the preceding numbers of the *Art pour tous*.

2203

9me Année.
N° 248
15 Avril 1870.
ABONNEMENT ANNUEL
France. . . . . 18 fr.
Étranger. . . . 20 fr.
L'Année parue. 25 fr.
L'ART POUR TOUS
ENCYCLOPÉDIE DE L'ART INDUSTRIEL ET DÉCORATIF
Paraissant les 15 et 30 de chaque mois.
PUBLIÉ SOUS LA DIRECTION DE M. C. SAUVAGEOT | FONDÉ PAR M. ÉMILE REIBER, ARCHITECTE
A. MOREL
ÉDITEUR
13, rue Bonaparte
Paris.

XIIe SIÈCLE. — ORFÉVRERIE FRANÇAISE.
(ÉCOLE DE LIMOGES.)

CHASSE EN CUIVRE DORÉ ET ÉMAILLÉ.
COLLECTION DE M. GERMEAU.)

2204

Nous ne savons ce qu'est devenue cette riche châsse depuis la dispersion de la collection Germeau, et nous le regrettons : car nous eussions aimé à montrer quelques-uns des détails d'ornementation dont elle est couverte avec une véritable profusion. — Les figures en haut-relief qui décorent chacun des compartiments sont d'un beau caractère, et ne le cèdent en rien aux émaux champlevés des colonnes, des semis de quadrilobes, de la croix et des plaques de la toiture. Le fond est obtenu par une sorte de guillochage, et le toit de la châsse orné d'imbrications simulant des ardoises.

继热尔姆（Germeau）的收藏都相继失散后，为何如此华丽的神殿还能进入我们的视线，我们无从知晓；因为这个伟大的建筑中包含了很多值得夸赞的装饰细节。上方高品质的浮雕中每个版块内都有一个人物，其精美程度并不亚于柱子的珐琅、四叶草、十字架和屋顶板。底部是由一种扭锁状装饰着，而神龛屋顶由仿真石板装饰。

We do not know what has become of this rich shrine since the scattering of the Germeau collection, and we regret to say so; for we should have been delighted to show some of the details of ornamentation with which it is profusely covered. — The figures in high relief, which decorate each compartment, have a fine character, and are in no way second to the *chanlevee* enamel of the columns, of the spanglings of the four-lobed ornaments, of the cross and of the plates of the roof. The ground is obtained through a kind of guilloche and the shrine's roof is adorned with imbrications simulating slates.

XVIIIe SIÈCLE. — ÉCOLE FRANÇAISE.
(ÉPOQUE DE LOUIS XV.)

VIGNETTES, — FLEURONS, — CULS-DE-LAMPE,
PAR BABEL. GRAVURE DE CHARPENTIER.

Le Vignole, ou Livre d'architecture, dans lequel nous puisons toutes ces vignettes, tous ces frontispices et culs-de-lampe gravés en taille-douce, devait être une perpétuelle distraction pour ceux qui avaient à le consulter; car il est littéralement couvert d'illustrations. Vignettes et culs-de-lampe font volontiers oublier les bases, les chapiteaux, les entablements, les moulures, etc., etc., qui sont le côté sérieux du livre. — On se garderait bien de nos jours de procéder ainsi ; et il est de règle, dans ces sortes d'ouvrages, de montrer dans toute leur rigidité, leur austérité, les motifs d'architecture offerts comme modèles aux jeunes néophytes. — Jetterons-nous le blâme à l'auteur du XVIIIe siècle qui eut l'idée d'égayer ainsi son travail ? — Certes non. Les distractions causées ainsi sont de toute innocence, et de plus cela nous permet d'y puiser pour alimenter notre recueil.

2205

The *Vignole*, or Book of architecture, from which we borrow all these copper-plate vignettes, frontispieces and tail-pieces, ought to have been a perpetual enjoyment to persons who were to consult it; for it is literally filled with illustrations, and vignettes and tail-pieces are apt to make one willingly forget bases, capitals, entablatures, mouldings, etc., things which are the serious part of the book. — Nowadays one would carefully refrain from such a process, and in works of that kind the rule is to show, with all their rigidity and sterness, the motives of architecture presented as models to the young student. — Are we to cast censure on the master of the XVIIIth. century who tried to so enliven his work ? — Certainly not. The diversions given in that manner are perfectly innocent, and, moreover, they enable us to borrow therefrom for the benefit of our review.

2206

图中所有的铜板小插图、前饰和尾饰都取自建筑之书《维尼欧雷》，这本书可以给读者带来无尽的欢乐，因为书中内容完全由小插图构成，这些插图和片段使人们容易忘却较严肃死板的底座、柱顶、支柱、模型等等。但现今有人更倾向于避免采用这种插画形式，因为更想利用它们的刻板和严格为学生们展现经典的建筑模式。我们是在谴责 18 世纪努力使作品更生动的大师们吗？当然不是。以这种方式进行改变是无可非议的，而且它们也让我们从中得到更多借鉴。

2207

2208

XIVe SIÈCLE. — ÉCOLE FRANÇAISE. VIERGE EN IVOIRE.

(AU MUSÉE DU LOUVRE.)

Les statuettes de la Vierge étaient fort répandues pendant la seconde partie du moyen âge, c'est-à-dire à partir du XIIIe siècle jusqu'à la Renaissance. — Pendant l'époque romane, les statuettes de la mère du Christ sont pour ainsi dire encore hiératiques, d'un mouvement raide et naïf, mais non dépourvu cependant de caractère. — Elles sont le plus souvent assises. Au XIIIe siècle, la Vierge est presque toujours debout, dans une pose sévère et digne. — Les traits sont calmes, les lignes sont belles, les vêtements étudiés. — Mais au siècle suivant, époque à laquelle appartient notre statuette, on ne rencontre plus guère toutes ces qualités réunies; la figure est courbée et quelquefois prétentieuse, la tête mignarde et dépourvue de véritable caractère. — Cependant les plis sont toujours admirablement traités et les extrémités on ne peut plus soignées et réussies. Le XVe siècle, exagérant encore les défauts précités, vit produire parfois des statues de Vierge qui sont de véritables caricatures, et tout à fait indignes de représenter la mère de Dieu.

La statuette du Louvre est belle, on ne peut le nier. — Le bord des vêtements est décoré d'ornements peints (voy. fig. 2210, 2211), et la couronne est un petit chef-d'œuvre d'orfévrerie (fig. 2212).

Notre gravure est exécutée à un peu plus de moitié de la grandeur originale.

Statuettes of the Virgin were in very large request, during the second part of the middle-ages, viz., from the XIIIth. century to the Renaissance. Along the Romance epoch, statuettes representing the mother of Christ are, so to say, still hieratic, with a stiff and naïf movement, yet far from being without character. — They are generally sitting. In the XVIIIth. century the Virgin is but always standing up with a severe and dignified mien. — The features are calm, the lines fine, the garments well studied. — But in the age following, an epoch to which our statuette belongs, all those united qualities are seldom met with; the figure is incurvate and sometimes assuming, the head small and truly with no character. — Yet, the folds are always admirably treated and the extremities most carefully and happily executed. The XVth. century, exaggerating the aforesaid defects, saw statues of the Virgin produced which are real caricatures and quite unworthy of representing the mother of God.

The Louvre statuette is fine, no one can gainsay it. — The borders of the vestment are decorated with painted ornaments (see fig. 2210, 2211), and the crown is a little masterwork of silversmith's art (fig. 2212).

Our engraving is executed at a little more than half the size of the original.

2209

在中世纪后半期，也就是从 13 世纪到文艺复兴时期，对圣母像雕塑的呼声很高。在浪漫主义时期，代表基督之母的小雕像仍然是非常神圣的，但其构造刻板、朴实，缺少人物特征，一般都是坐着的。到了 18 世纪，大多数就变成站立的，神态严肃，举止端庄，面容平静，线条柔和，服饰也备受效仿。但在之后的几年，这些固定的特质渐渐消失，人物开始灵活起来，头部变小，也没有了共同的特征。然而，褶皱处通常处理细腻，四肢的雕刻也更为细致。到了 15 世纪，上述的缺点逐渐被讽刺和夸大，慢慢也没有了圣母的特点。

卢浮宫的雕塑是较好的，这一点毋庸置疑。衣服边线都有彩色的装饰品（图 2210 和图 2211），头冠也是银匠精心制作的成果（图 2212）。

此处我们的雕塑规模稍比原作的一半大一些。

2210

2211

2212

XVIe SIÈCLE. — TYPOGRAPHIE FRANÇAISE.
(ÉPOQUE DE CHARLES IX.)

LETTRES MAJUSCULES ORNÉES
GRANDEUR DES ORIGINAUX.

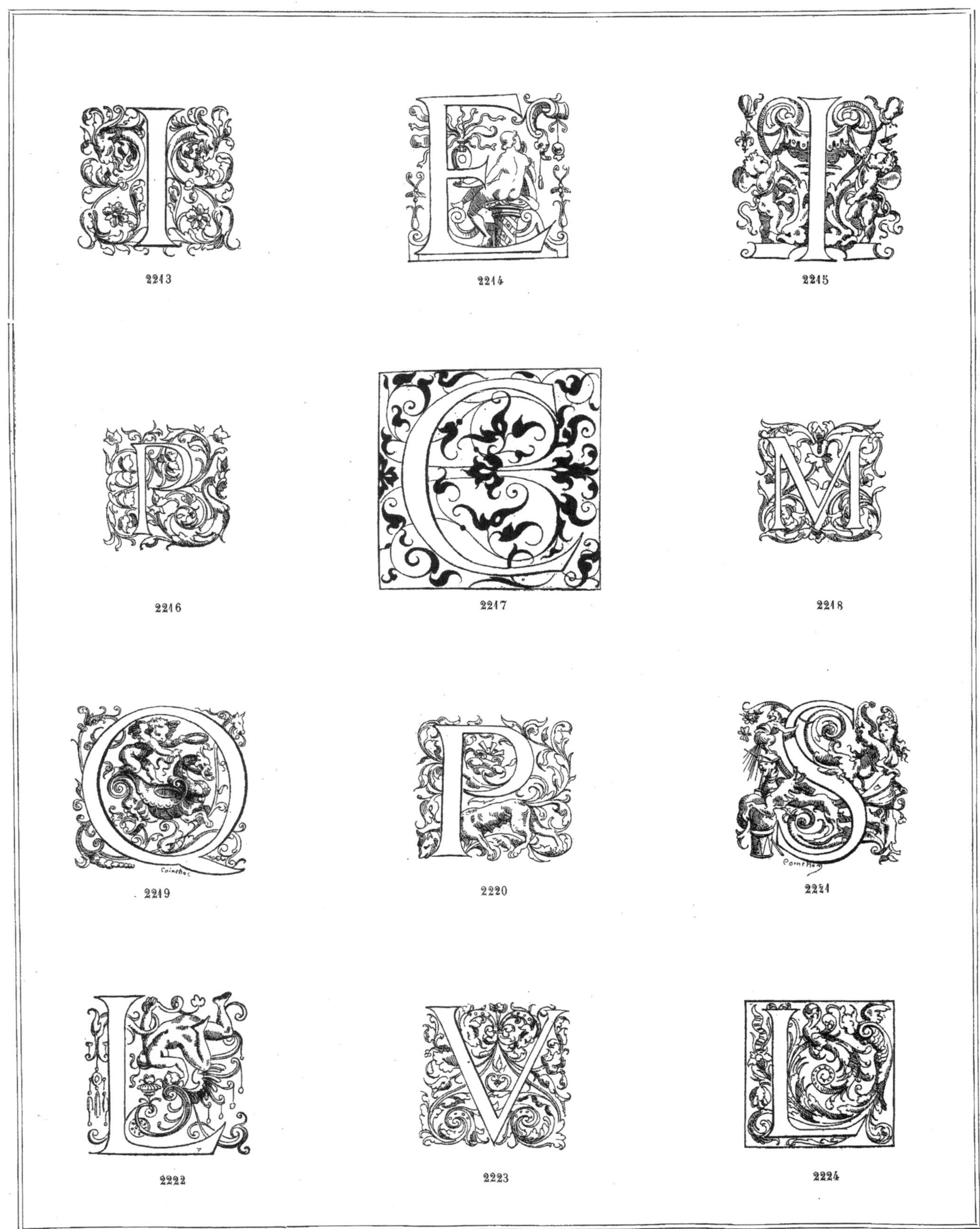
2213 2214 2215
2216 2217 2218
2219 2220 2221
2222 2223 2224

Il est difficile d'arriver à composer un alphabet entier de lettres de cette nature, et il faut le plus souvent, comme ici, se borner à montrer celles qui sont fréquemment employées. — Nous n'avons rien à dire au sujet de ces belles lettres ornées, et nous nous bornons à renvoyer le lecteur aux précédentes années de l'*Art pour tous*, où il trouvera une série de lettres analogues.

要想把所有字母都设计并制作成图中这样是很难的，所以作者选取其中最常用的一些进行设计。对于这些美丽的字母我们无需多说，也不得不向读者们提到之前几年的《艺术大全》中也展示了这系列的一些字母。

It is difficult to contrive and execute an entire alphabet of letters of this kind, and one must mostly resign and confine himself to showing those usually employed. — We have nothing to say about these beautiful ornated letters, and we do limit ourselves to referring the reader to the preceding years of the *Art pour tous*, wherein he will find a series of analogous letters.

9me Année.
Nº 249
30 Avril 1870.
ABONNEMENT ANNUEL
France. . . . . 18 fr.
Étranger. . . . 20 fr.
L'Année parue. 25 fr.
L'ART POUR TOUS
ENCYCLOPÉDIE DE L'ART INDUSTRIEL ET DÉCORATIF
Paraissant les 15 et 30 de chaque mois.
PUBLIÉ SOUS LA DIRECTION DE M. C. SAUVAGEOT | FONDÉ PAR M. ÉMILE REIBER, ARCHITECTE
A. MOREL
ÉDITEUR
13, rue Bonaparte
Paris.

ART JAPONAIS ANCIEN. — CÉRAMIQUE. **BRULE-PARFUM EN GRÈS DE SATZUMA.**

(COLLECTION DE M. L'AMIRAL JAURÈS.)

2225

Les brûle-parfums sont d'un usage très-fréquent en Orient. — Celui-ci, fabriqué en grès émaillé, est d'une forme assez curieuse pour être montrée. — Il se divise en deux parties. — Le socle, ou pied, contient sur la plate-forme le foyer couvert par la seconde partie en forme de sphère, et de laquelle s'échappent les parfums par les ouvertures du sommet.

图中的香炉在东方使用的非常普遍。这顶香炉由彩色砂岩制成，超乎寻常，因此有复制的必要。它一共有两个部分。一部分是基座也叫柱脚，是点火的地方；另一个是上面球状的部分，香气是从这个球体顶部散出。

The perfume burners are of very frequent use in the Orient. — This one in enamelled sand-stone has a form curious enough to be reproduced. — It is divided in two parts. — The socle, or foot, contains in its platform the fire-place covered with the second part spherically shaped, and from which the perfumes run up through the top's openings.

XVe SIÈCLE. — ÉCOLE FRANÇAISE. LETTRE INITIALE ORNÉE.

(A LA BIBLIOTHÈQUE DE L'UNION CENTRALE DES ARTS APPLIQUÉS A L'INDUSTRIE.)

Nous faisons remonter au commencement du XVe siècle cette magnifique lettre initiale et celle présentée dans la page suivante. — Elles sont l'une et l'autre copiées servilement sur un manuscrit ancien (un psautier), appartenant à M. Guichard, président de l'*Union centrale.* — Il est absolument superflu de faire remarquer le goût qui a présidé à l'exécution de ces deux initiales, dont le fond offre, quant à l'ornementation, un souvenir de certains châles de Kachemire. — Nous nous bornerons à dire que l'enlumineur du XVe siècle avait la main sûre, et que nulle part sa plume ou son pinceau n'ont hésité dans le tracé des enroulements compliqués et des semis de coquilles qui couvrent littéralement cet O et ce T gigantesques. — Nos reproductions sont exécutées de la grandeur même des originaux.

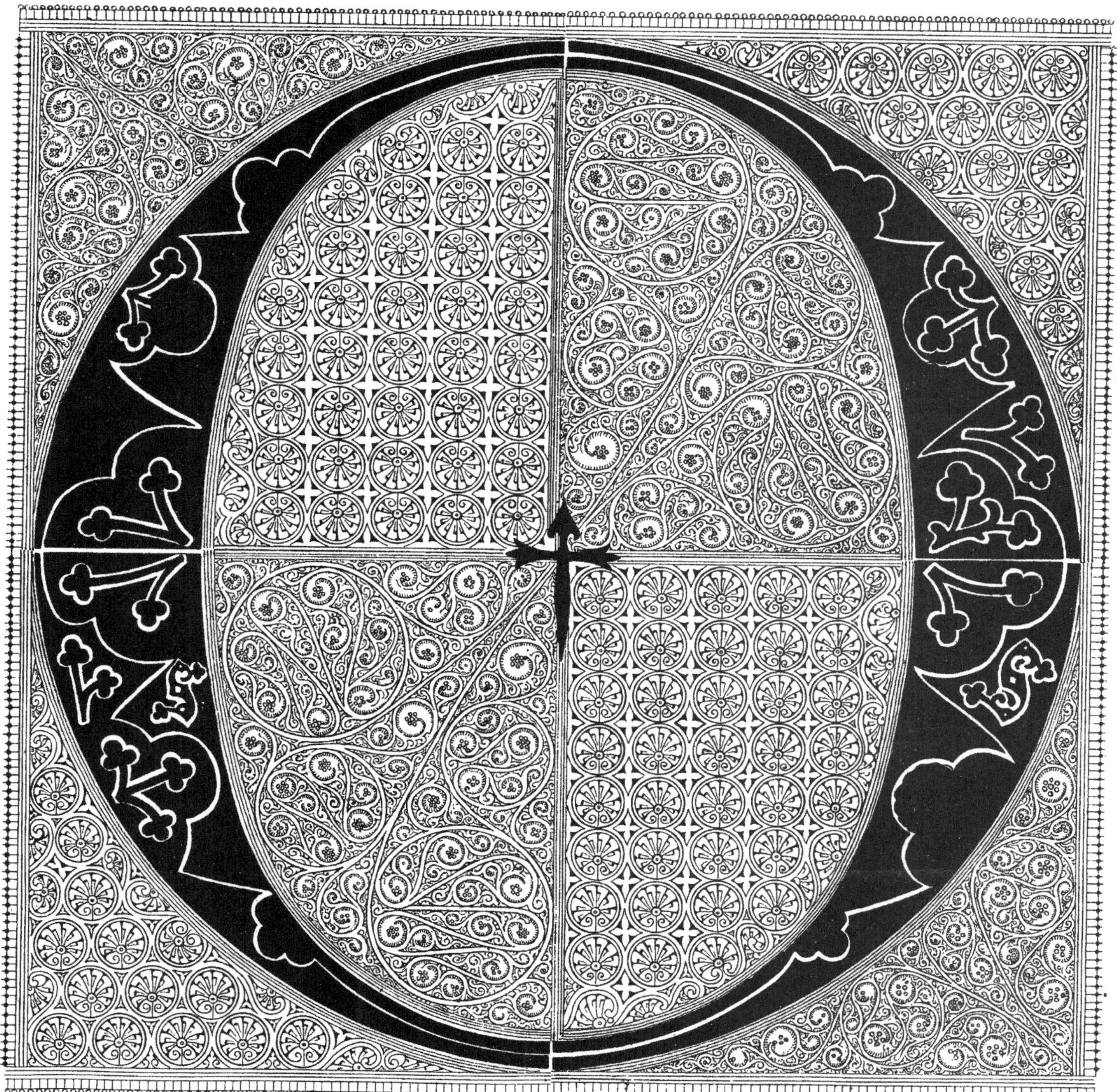

C. Chauvet del. 3026 G. Regamey, lith.

图中精美的首字母图案和下一页的图案都源自 15 世纪初，都是直接从中央联合会主席吉恰尔特（M.Guichard）先生的手稿中直接借鉴而来。两个字母的制作精美，夺人眼球，其背景的装饰方式和某些羊绒披肩使用的是同一种风格。从图中我们能够看出 15 世纪的这位制作者笔触锋利，在用铅笔或者钢笔绘制字母O和字母T复杂的曲线和鲜明的光泽时，没有丝毫的犹豫。我们这里的复制品与原作规格完全相同。

This magnificent initial letter and the one shown in the following page are, in our opinion, to go back to the beginning of the XVth. century. Both are servilely copied from an old manuscript (a psalter) which belongs to M. Guichard, the president of the Central Union. It is quite needless to call attention to the taste which presided over the execution of the two Initials, the ground of which presents, as to the ornamentation, a kindred with certain Cashmere shawls. We will confine ourselves to saying that the illuminator of the XVth. century had a steady hand, and that nowhere his pen or pencil hesitated along the complicate rollings and the sparklings of shells which literally cover the gigantic O and T. Our reproductions have the very size of the originals.

XVe SIÈCLE. — ÉCOLE FRANÇAISE. LETTRE INITIALE ORNÉE.

(A LA BIBLIOTHEQUE DE L'UNION CENTRALE DES ARTS APPLIQUÉS A L'INDUSTRIE.)

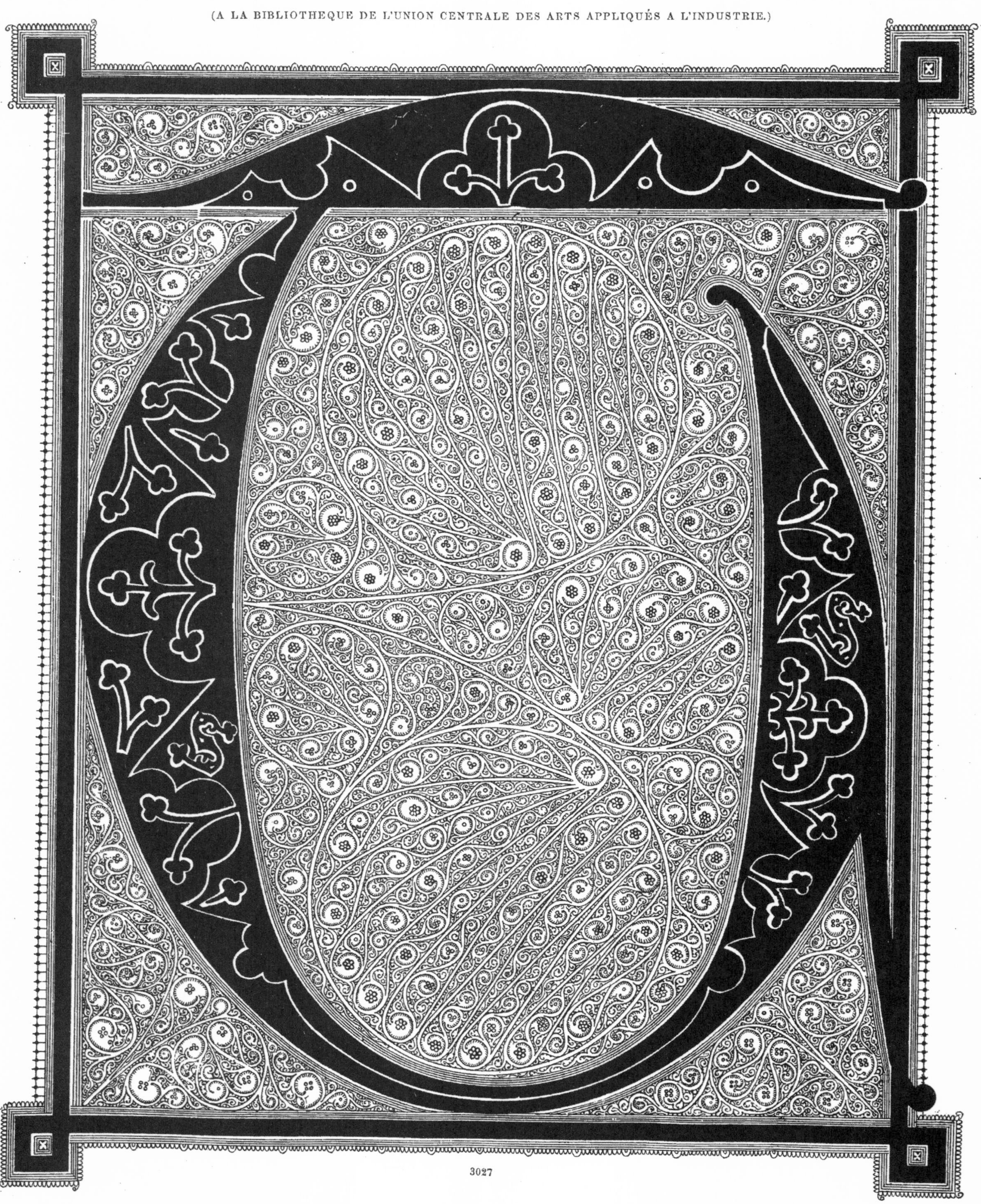

3027

C. Chauvet, del.

G. Regamey, lith.

Cette lettre est, comme la précédente, extraite du manuscrit de M. Guichard. — Elle représente un T d'une rare élégance de forme (de la grandeur de l'original).

图中这个字母与上页的一样都出自吉恰尔特（M.Guichard）先生之手。所绘的是极尽优雅与美丽的字母T（与原作规格相同）。

This letter is, as the preceding one, from the manuscript of M. Guichard. — It represents a T of a rare elegance in its shape (same size as the original).

XIIe SIÈCLE. — ORFÉVRERIE. OBJETS ET USTENSILES DIVERS.

(A M. BASILEWSKI.)

CHANDELIER EN CUIVRE DORÉ.

Nowadays one is astonished, when examining certain pieces or artistical objects cast during the first years of the middle-ages, at the perfection then reached not only on the score of material execution, that is to say in the casting, but of composition and science of the decoration. — From the very XIIth. century, samples of the silversmith's art are to be seen which leave little to be desired on any respect. We dare to say the flambeau which we to-day show is of that very class. When unwilling to compare it to more important pieces, well known to the artistic and scientific world, we still may call attention to the real taste wherewith the base or foot of the flambeau is composed, which resting on three pithy chimeræ shows in the rollings, springing from the tails of those chimeræ, human personages mingling in the ornamentation. — A grinning mask separates the figures. — The stem, ornated with foliages, is divided in portions by means of knobs the central one of which is ornamented. — The socket, a real capital, is adorned with foliages which expand under the circular extremity of the rim.

GRANDEUR DE L'EXÉCUTION.

现在，当我们看到中世纪前几年的一些碎片或艺术品时，会惊异于它们的完美，这种完美无论是从材料的处理，也就是雕刻上，还是从装饰构造的科学性上来说，都令人惊叹。从12世纪开始，人们所见到的银匠作品就从任何方面都已经达到完美。图中的大烛台可以说是同类烛台中的翘楚了。即使不与更复杂的一些进行比较，或不提它已经在艺术界和科学界为人所知，也一定要重点说明一下这个烛台的基座：由三个脚柱构成，每个是波浪形的怪物形状，并在其中尾部的部分融合了人脸样式。中间有一个狰狞的面具将几个脚分隔开来。烛台的主干由雕刻着枝叶装饰，并由一些旋钮扣分隔成几部分，中间的旋钮扣带有装饰。烛台的底座由枝叶托起，一直延伸到圆盘的末端。

CH. KREUTZBERGER. COMTE. SC.

2228

On est souvent étonné aujourd'hui, lorsqu'on examine certaines pièces, ou objets d'art, fondus pendant les premières années du moyen âge, de voir à quelle perfection on a su atteindre, non-seulement sous le rapport de l'exécution matérielle, c'est-à-dire de la fonte, mais encore comme composition et comme entente de la décoration. — Dès le XIIe siècle on peut voir des exemples d'orfévrerie qui laissent peu à désirer à tous égards. Nous ne craignons pas d'affirmer que le chandelier que nous publions dans ce numéro est du nombre. Sans vouloir le comparer à des pièces plus importantes et connues du monde artistique et savant, nous pouvons faire remarquer avec quel goût se compose la base ou pied du chandelier qui, posant sur trois chimères énergiques, montre, dans les enroulements naissant de la queue de ces chimères, des personnages humains mêlés à l'ornementation. — Un masque grimaçant sépare les figures. — La tige, ornée de cannelures, est divisée en trois parties par des nœuds dont celui du centre est orné. — La bobèche, véritable chapiteau, est ornée de feuillages qui s'étendent sous l'extrémité circulaire du bord.

9me Année.
N° 250
15 Mai 1870.
ABONNEMENT ANNUEL
France. . . . . 18 fr.
Étranger. . . . 20 fr.
L'Année parue. 25 fr.
L'ART POUR TOUS
ENCYCLOPÉDIE DE L'ART INDUSTRIEL ET DÉCORATIF
Paraissant les 15 et 30 de chaque mois.
PUBLIÉ SOUS LA DIRECTION DE M. C. SAUVAGEOT | FONDÉ PAR M. EMILE REIBER, ARCHITECTE
A. MOREL
ÉDITEUR
13, rue Bonaparte
Paris.

XIXe SIÈCLE. — ÉCOLE CONTEMPORAINE.

(SALON DE 1870.)

STATUE ÉQUESTRE DE VERCINGÉTORIX,

PAR M. BARTHOLDI.

The equestrian statue of Vercingetorix, now exhibited in the palace of the Champs-Elysées, appeared to us as calling for a place in the *Art pour tous*. Besides its qualities of composition and execution, it has, to us, the particular merit of showing in full and with a scrupulous accuracy the equipment of a Gallic horseman. The sculptor, to reach this archæologic exactness, has spared neither pain nor search. We show in the following page the objects which he has made use of and which come from the newly created Saint-Germain Museum.

图中韦辛格托里克斯（Vercingetorix）的骑手雕塑展览在香榭丽皇宫内。除了其构造和工艺的超高品质之外，它更大的优点在于向我们无比精确地展示了一个法国骑手的装备。这件作品的雕刻师为了达到完全精确，花足精力做功课。下页中展示的几个来自圣日尔曼博物馆的作品，带给了他创作的灵感。

2229

La statue équestre de Vercingétorix, exposée en ce moment au palais des Champs-Élysées, nous a paru être du domaine de l'*Art pour tous*. Elle a pour nous, indépendamment de ses qualités de composition et d'exécution, le mérite particulier de montrer, au grand complet et avec une fidélité scrupuleuse, l'équipement d'un cavalier gaulois. Le statuaire, pour arriver à cette vérité archéologique, n'a épargné aucune recherche. — Nous montrons à la page suivante les documents qui lui ont servi, et qui proviennent du musée, nouvellement créé, de Saint-Germain-en-Laye.

ÉPOQUE GAULOISE.

(MUSÉE DE SAINT-GERMAIN.)

DOCUMENTS EMPLOYÉS

A L'EXÉCUTION DE LA STATUE DE VERCINGÉTORIX,

PAR M. BARTHOLDI.

ARMES OFFENSIVES ET DÉFENSIVES.

HARNACHEMENT DE CHEVAL.

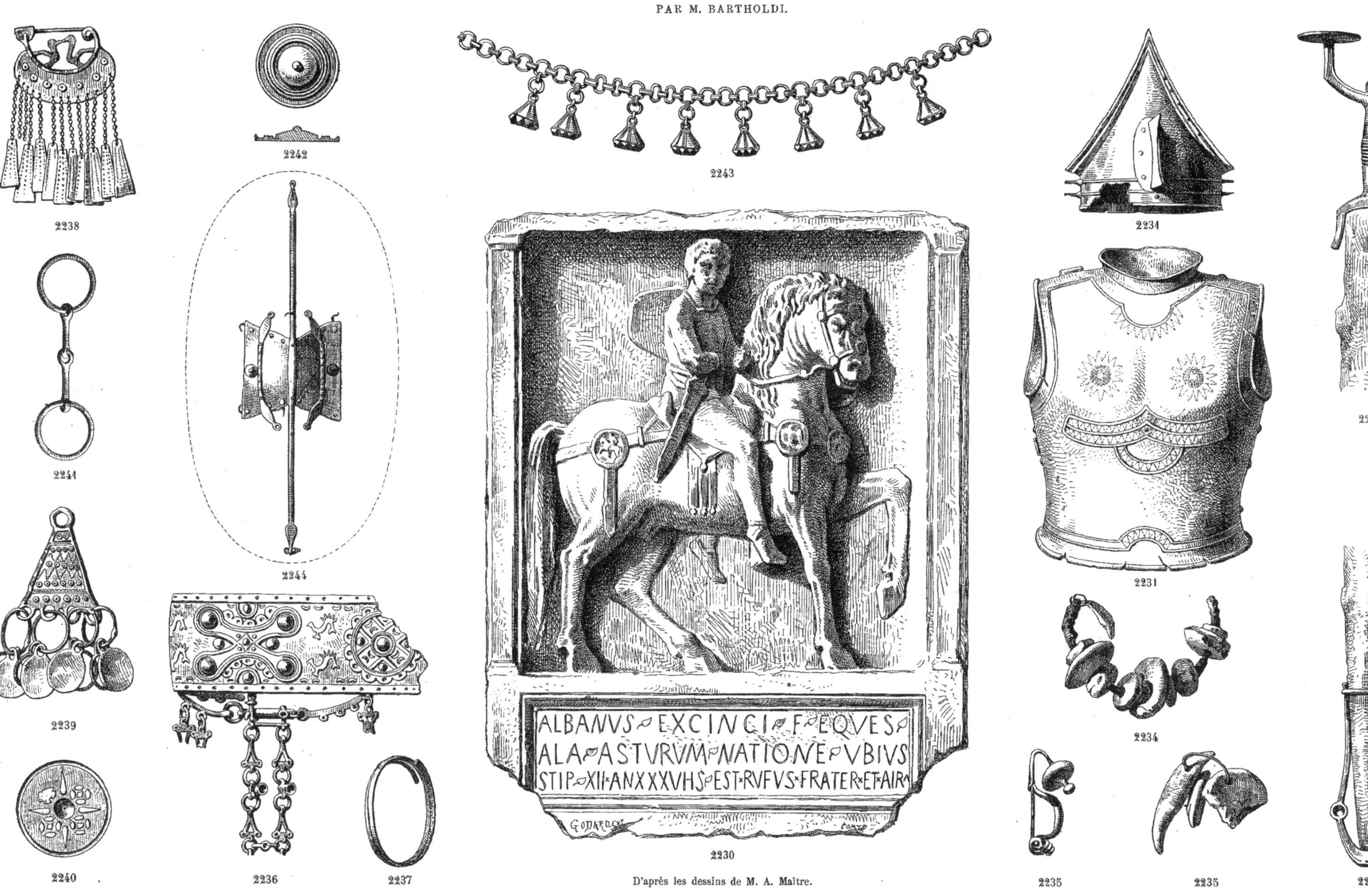

D'après les dessins de M. A. Maître.

Nous devons à l'obligeance de M. Bertrand, directeur du musée de Saint-Germain, la communication de ces documents, qui font partie du musée créé par l'empereur Napoléon III.

Fig. 2230, pierre tumulaire de cavalier gaulois. — fig. 2231, cuirasse gauloise, casque avec ailerons; — fig. 2232, poignée de sabre; — fig. 2233, extrémité du fourreau; — fig. 2234, amulettes; — fig. 2235, fibules; — fig. 2236, ceinture avec chainettes; — fig. 2237, bracelets; — fig. 2238, 2239, 2240, ornements de harnachement de cheval; — fig. 2241, bridon; — fig. 2242, phalères; — fig. 2243, ornement de poitrail; — fig. 2244, umbo de bouclier : la forme ponctuée est reconstituée d'après les trophées de l'arc d'Orange.

图中这些物件都是圣日耳曼博物馆的一部分，这个博物馆由拿破仑三世建造，它们能够流传至今，完全要归功于该博物馆董事伯特兰先生（M.Bertrand）。

图 2230 所示的是一位法国骑士的墓碑；图 2231 所示的是法国士兵的胸甲和头盔；图 2232 是一把剑的剑柄；图 2233 所示的是剑鞘末端；图 2234 是一枚护身符；图 2235 是一枚搭扣；图 2236 是带有链条的腰带；图 2237 是一个臂环；图 2238、2239 和 2240 是马具的装饰图案；图 2241 是马勒；图 2242 是一个装饰圆盘；图 2243 是马胸部的装饰品；图 2244 是一幅盾心上的浮雕，点缀的椭圆代表该物件是制造于凯旋之后的时期。

We owe to the kindness of M. Bertrand, the director of the Saint-Germain Museum, the communication of these objects which are a part of the Museum created by Napoleon III.

Fig. 2230, is a tomb-stone of a Gallic horseman; fig 2231, Gallic cuirass and helmet; fig. 2232, a sword's hilt; fig. 2233, the lower end of a sheath; fig. 2234, amulets; fig. 2235, fibulæ; fig. 2236, a belt with chains; fig. 2237, armlets; figures 2238-39 and 40, ornaments of horse's harness; fig. 2241, snaffle-bridle; fig. 2242, phaleræ; fig. 2243, ornaments of horse's breast; fig. 2244, a shield's umbo; the dotted oval is the representation of the object after the Orange triumphal arch.

ANTIQUITÉ. — ART CHINOIS.

(COLLECTION DE M. E. TAIGNY.)

VASE HONORIFIQUE EN BRONZE.

(MOITIÉ DE L'EXÉCUTION.)

图中这件青铜器是东方艺术的杰作，制造时间比耶稣时代至少早了八个世纪，可以说是一件名副其实的古物了。据说它被制造于宋朝，但是建为何用，至今还不为人所知。然而也有人猜测它是某种祭祀用品。整个构造独树一帜，夺人眼球，只需看一眼就会印象深刻。背景浮雕图案非常独特，枝叶纷繁交错，装饰着碑文；我们现在叫“扶垛”的中间凸出的部分增强了它的立体感，很容易让人过目不忘。泰格尼先生（M.Taigny）的收藏在业余艺术家中无人不晓，也正是要感谢他，我们才能够展示如此稀有珍贵的文物给读者，使大家都能够看到并了解它，甚至从各个角度去复制生产。

2246 2245

Les érudits dans l'art oriental font remonter ce beau vase de bronze à la plus haute antiquité, c'est-à-dire à huit siècles au moins avant l'ère chrétienne. — Il appartient à la dynastie des Song, affirme-t-on ; mais à quel usage était-il destiné, c'est ce qu'il est assez difficile de déterminer. On peut supposer pourtant qu'il a dû servir à la célébration de certains sacrifices. La forme générale est pleine de caractère et attire vivement l'attention ; on sent qu'on n'est point en présence d'un objet ordinaire. — Les ornements en relief si étranges du fond, les rinceaux damasquinés dont est ornée chacune de ces figures, disposées comme autant de caractères d'une inscription, les parties saillantes qui renforcent les angles du vase en son milieu, et que l'on pourrait volontiers, dans notre langage moderne, désigner sous le nom de *contre-forts*, ajoutent encore, lorsqu'on les examine attentivement, à l'étrangeté de l'impression. — Nous devons à l'obligeance de M. Taigny, dont la belle collection est bien connue des amateurs, de pouvoir montrer cette rare et magnifique pièce que nous avons voulu figurer, pour être bien comprise de tous, à la fois de face et de côté.

Men learned in the Oriental Art give this fine bronze vase the remotest antiquity that is to say, at least eight centuries before the Christian era. It belongs to the Song dynasty, they declare ; but to what use was it destined, it is rather difficult to establish. It may be supposed, however, that it was used in the celebration of certain sacrifices. Its general form is very characteristic and forcibly calls attention ; in looking at it, one feels oneself in the presence of no common object. — The strange relievo ornaments of the ground, the damaskeened foliages with which are adorned the figures disposed as so many characters of an inscription, the projecting parts which strengthen the angles of the vase in its middle and which could easily be, in our modern parlan, designated by the name of *buttresses*, add still, when attentively examined, to the strangeness of the sight. — We owe to the kindness of M. Taigny, whose fine collection is well known to the amateurs, to be able to show this rare and magnificent piece which we have had, so that it were completely understood by everyone, reproduced both full front and sidewise.

XVIIIe SIÈCLE. — ÉCOLE FRANÇAISE.

VIGNETTES, FLEURONS, CULS-DE-LAMPE.

Ces fleurons sont extraits en partie de la belle publication intitulée : *Voyage dans le royaume de Naples,* par l'abbé de Saint-Non.

Ils sont gravés en taille-douce et imprimés dans le texte. — Composition de Saint-Non. — Gravure de Berthauld.

2247

2248

2250

2252

2251

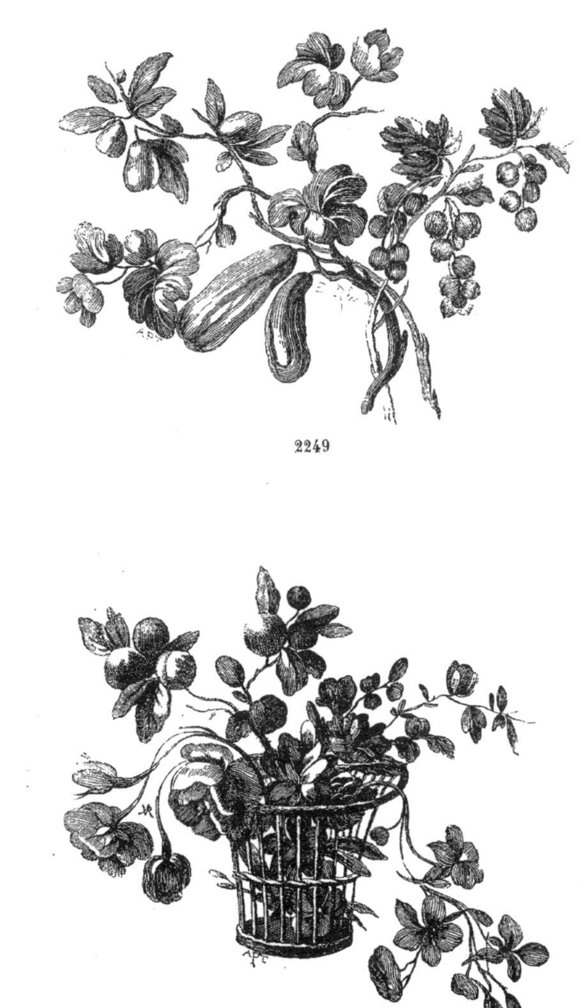

2249

2253

These flowers are partly from the fine book whose title is : *Voyage dans le royaume de Naples,* by the abbot of Saint-Non.

They are engraved on copper-plates and printed in the texte. — Composition of Saint-Non. — Engraving by Berthauld.

图中部分花的图案摘自圣诺娜修道院院长的一本书，书名为《那不勒斯王国之旅》。

它们被雕刻在铜板上或印刷在书中。由圣诺娜修道院创作。由贝特霍尔德（Berthauld）雕刻。

XVI

XVIe SIÈCLE. — CÉRAMIQUE FRANÇAISE.

ACCESSOIRES DE TABLE.

PLAT AJOURÉ ET ÉMAILLÉ,

PAR BERNARD PALISSY.

2254

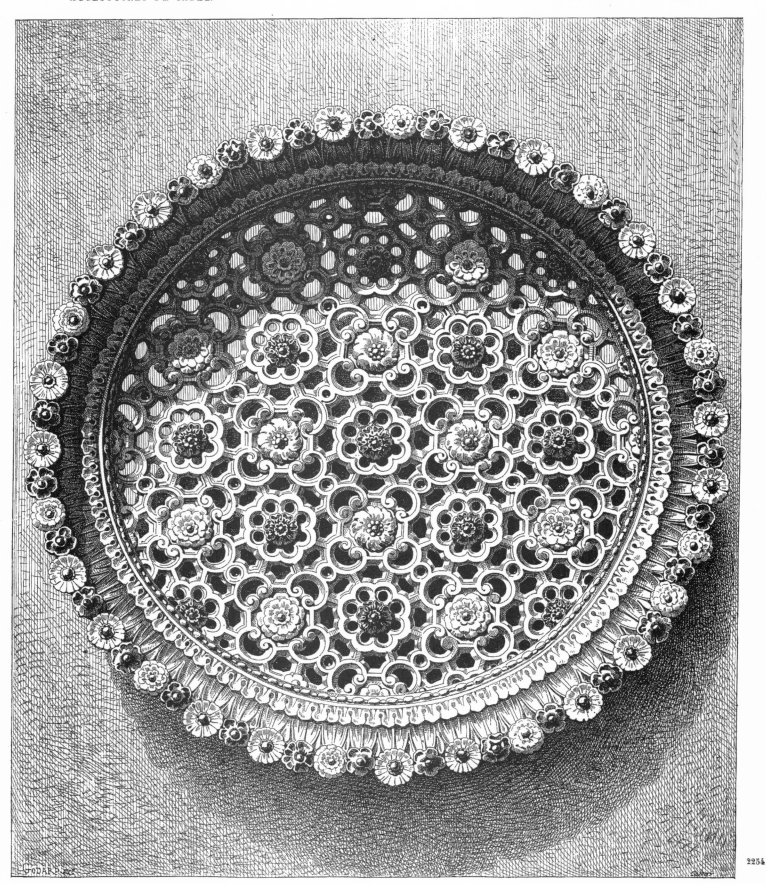

Ce plat est souvent désigné sous le nom de la *Passoire*, ou plat aux mille fleurs.

图中的盘子常被称做爪篱（滤器），也叫万花盘。

This dish is often designated by the name of the *Passoir* (Cullender), or of the thousand flowers dish.

XVIe SIÈCLE. — RELIURE FRANÇAISE. (ÉPOQUE DE CHARLES IX.)

COUVERTURE DE LIVRE

A M. DUTUIT, DE ROUEN.

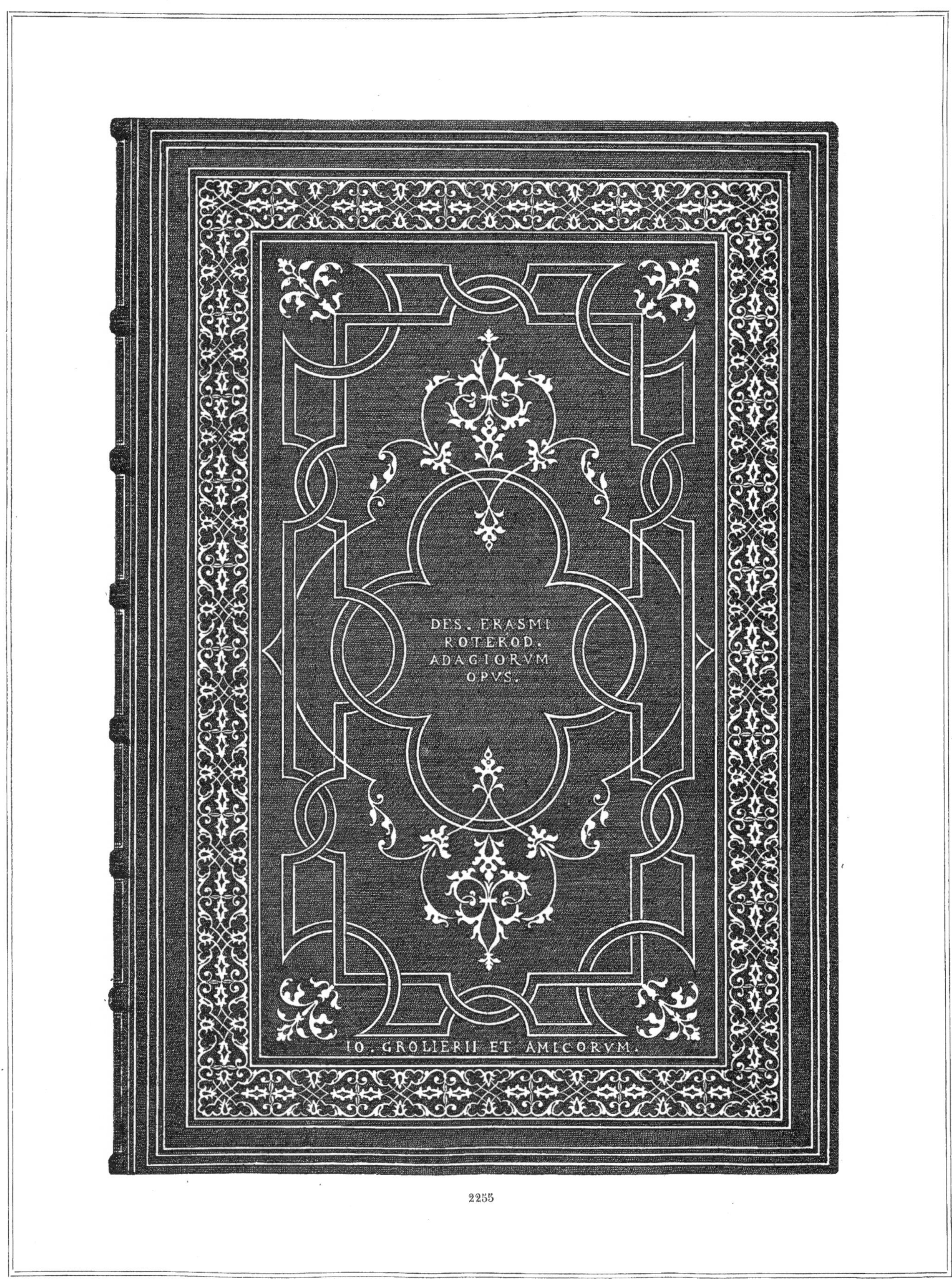

2255

Le fond en basane de cette reliure, d'un goût si pur, si élégant, est vert foncé. — Les ornements, les lignes et les entrelacs sont dorés. Au bas, on lit la devise : « *Grolierii et amicorum,* » adoptée par le célèbre bibliophile du XVIe siècle et que portaient indistinctement tous les livres de sa précieuse collection. Heureux les amis qui pourraient feuilleter des ouvrages ainsi reliés !

图中绵羊皮的底面看起来十分朴素高雅，颜色是深绿色的。其中装饰的纹路和线条都是金色的。它由 16 世纪著名藏书家收藏，他收藏的所有书都有相同的题词，也就是在它下方可以看到的“Grolierii et amicorum”。能够仔细研读这些书的人必定会享受到其中的乐趣！

The sheep-leather ground of this binding, of so chaste and elegant a style, is dark-green coloured. — The ornaments, lines and twines are in gold. At the bottom of it one may read this motto : *Grolierii et amicorum,* adopted by the celebrated bibliophile of the XVIth. century, and which bear, without exception, all the books of his precious collection. Happy friends those who could peruse books bound in such a fashion !

XVI° SIÈCLE. — ART ARABE.
A M. SCHŒFFER.

GRAVURES. — NIELLES. — ENTRELACS.
BASSIN EN CUIVRE.

2257

图中所示的水盆只用了一种工艺，就是乌银镶嵌法，这也足以说明它来自东方。的确，它来自在这类物件制造中闻名已久的达马斯制造商，而且它可能是最好的一家制造商。该水盆造型非常普通，但它的突出之处在于上面的雕刻装饰。整体正如图中所示，规格是其四分之三，但细节是以原作真实规格临摹出来的。

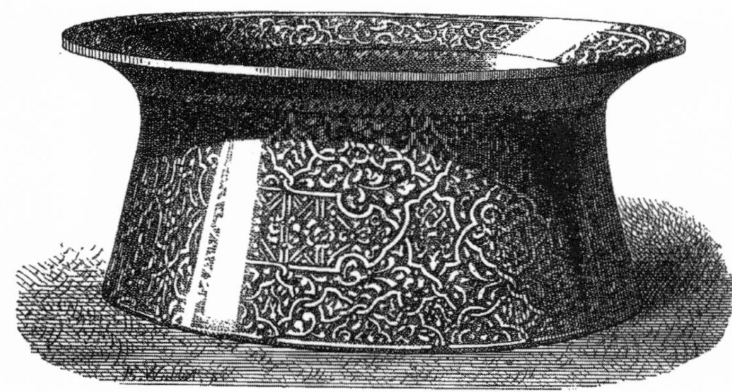

2256

The only form of this basin, adorned with complicate nielli, is enough to indicate its Eastern origin. It comes, indeed, from the Damas manufactures long renowned for the production of articles of that kind, and is, it may be affirmed, one of the most remarkable. — Very simple in its form, it borrows its whole merit from the engraved ornaments with which it is decorated. The ensemble is here shown, three quarters of the original, and the details have their real size and are counterdrawn.

La forme seule de ce bassin, décoré de nielles compliquées, suffit à indiquer son origine orientale. Il sort, en effet, des fabriques de Damas, renommées de longue date pour la production des objets de ce genre, et il est, on peut l'affirmer, des plus remarquables. — Très-simple de forme, il emprunte tout son intérêt aux ornements gravés qui le décorent. L'ensemble est montré au quart de l'exécution, et les détails de grandeur réelle et calqués sur l'original.

2258

XVIe SIÈCLE. — ORFÉVRERIE ALLEMANDE.

APPARTENANT A M. DELANGÉ.

ACCESSOIRES DE TABLE.

AIGUIÈRE EN CUIVRE REPOUSSÉ.

The ornaments which xpand themselves on this Renaissance vase's belly and neck do not perhaps merit being presented as models, and above all as having reached the perfection in that kind of work; yet it must be confessed that the general form, despite its simplicity, is well worthy of being looked at and even studied. — It is the so well known shape of an egg, to which is added a foot, a neck, a handle, and which has become classical, so to say, so very often has it been employed; the only difficulty is to put into the divers parts, which we have just named, the connexion and harmony which alone will make the whole an object calling the attention. — Those conditions appear to us to be obtained in the ewer which we are describing, and for this reason, the whole object presents a very genuine interest. — The neck, too, which is a serpent, whose tail rolls up upon the belly's top, is lacking neither grace nor character. The properly said egg is ribbed and divided by a large ring which breaks its uniformity. The ornaments are embossed and set off on a chased ground which produces a dead tone. — The contour of the ornaments is worked with the graver cutting rather deep, and the water-leaves, seen on the foot, are obtained by the same process.

2259

图中所示瓶子的瓶身和瓶颈装饰可能还不能够作为我们效仿的对象，但是它的优点在于制作工艺的完美；然而必须承认的是，尽管它本身比较简单，但仍然是一个可供观赏甚至研究的范本。众所周知鸡蛋的形状，在鸡蛋上面加了一个脚，一个脖子，一个把手，这种形状非常经典并被广泛采用。而加入的这些部分也是制作中最困难的一个步骤，只有衔接融洽、相互协调才能让整个瓶子超凡脱俗引人注目。而我们看到的这个水壶正是达到了这样的要求，激发人们无限的兴趣。瓶颈是一条蛇，尾巴卷曲并延伸至瓶腹的上方，既不失优雅又富有个性。整个“鸡蛋”都是有棱纹的，中间被一个巨大的圆环分隔开来，打破了它的单调。装饰都是浮凸的，雕刻在比较沉闷的背景上。这些饰物的轮廓是用很深的雕刻加工而成的，在瓶脚的叶子装饰运用了相同的工艺。

Les ornements qui se dessinent sur la panse et sur le col de ce vase de la Renaissance ne méritent peut-être pas d'être offerts comme des modèles, et surtout comme ayant atteint à la perfection du genre; mais, en revanche, la forme générale demande à être regardée et même étudiée, malgré sa simplicité. — C'est la forme si connue de l'œuf, auquel on ajoute une base ou pied, un col, une anse, et devenue pour ainsi dire classique au XVIe siècle, tant elle a été souvent adoptée. Toutefois la difficulté est de mettre dans les diverses parties que nous venons de citer un rapport et une harmonie qui fassent de l'ensemble un objet digne de remarque. — Ces conditions nous semblent atteintes dans l'aiguière que nous décrivons, et l'objet entier offre pour ce motif un intérêt bien réel. — Le col est élégant, ferme, et l'anse, faite d'un serpent dont la queue s'enroule sur le sommet de la panse, ne manque pas non plus de grâce et de caractère. *L'œuf* proprement dit est à côtes, et divisé par une bague qui en rompt l'uniformité. Les ornements sont repoussés et se dessinent sur un fond de ciselure produisant un ton mat. — Le contour des ornements est gravé au burin assez profondément, et les feuilles d'eau que l'on voit sur le pied sont obtenues par le même procédé.

XVIe SIÈCLE. — ÉCOLE FRANÇAISE CHAMPENOISE. **SCULPTURE. — CHEMINÉE EN PIERRE.**

(AU MUSÉE DE L'HOTEL DE CLUNY, A PARIS.)

2260

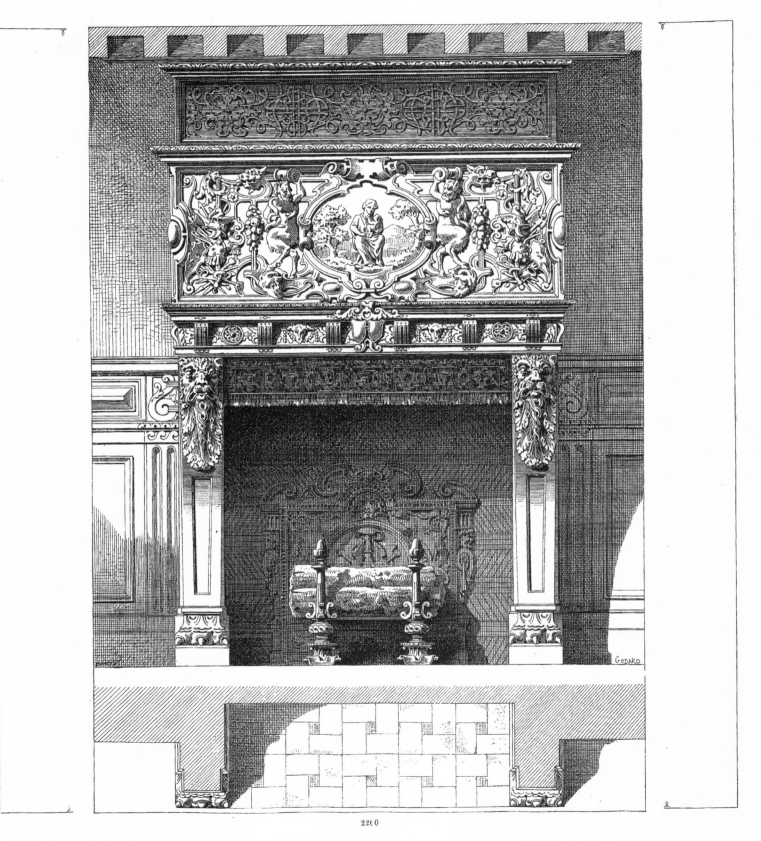

Ce petit monument de sculpture et de décoration se voit aujourd'hui au musée de l'hôtel de Cluny, dans l'une des salles du premier étage. — Il faisait jadis partie d'une maison construite au XVIe siècle à Troyes, et fut transporté à Paris peu après la fondation de notre précieux musée d'antiquités nationales par M. du Sommerard.

图中所示雕刻装饰的纪念性作品目前在克吕尼博物馆一层的某个房间内。它之前是16世纪特鲁瓦内一座房子的一个部分，在杜・索默拉尔（M.du Sommerard）建立了收藏珍贵文物的博物馆之后，它被带到了巴黎。

This little sculptural and decorative monument is now to be seen at the Cluny museum in one of the first floor rooms. — It was formerly a part of a house built at Troyes in the XVIth. century, and was brought to Paris shortly after our precious museum of national antiquities had been founded by M. du Sommerard.

XVIe SIÈCLE. — ART PERSAN.

ACCESSOIRES DE TABLE. — AIGUIÈRES EN PORCELAINE.

(COLLECTIONS DE MM. FLEURIOT ET MELLINET.)

2261 2262

Les deux objets présentent la forme généralement adoptée en Persé pour les aiguières ou vases analogues. — Le décor à teinte plate, largement exécuté, est cerné d'un trait vigoureux. — Le tout produit un excellent effet.

图中这两个作品呈现了波斯非常普遍的，用于大口水壶和其他这类花瓶的样式。瓶子表面的色调装饰，包围着瓶身，使其变得更加丰富。整体产生了极好的效果。一切都恰到好处。

These two objects present the form generally adopted in Persia for ewers and other vases of that kind. The flatly tinted decoration, with ampleness in its execution, is encircled by a vigorous stroke. — The whole produces an excellent effect.

XIXe SIÈCLE. — ÉCOLE FRANÇAISE CONTEMPORAINE.

FRONTON DU THÉATRE D'ANGERS.

DÉCORATION MONUMENTALE. — SCULPTURE,

PAR MM. F. TALUET ET BLOCH.

2263

Les armes de la ville, au milieu d'un élégant cartouche surmonté d'une couronne murale, occupent le centre du fronton. — Deux génies ailés, armés l'un d'un style, et l'autre du fouet de la satire, sont adossés au cartouche central, au milieu d'emblèmes de théâtre sculptés en demi-relief. — Telle est cette composition simple et de bon goût, exécutée pour le nouveau théâtre de la ville d'Angers, sous la direction de M. Magne, architecte.

图中这个城市的徽章中有个优雅的涡卷饰，它带着一顶皇冠占据了最前沿的中心位置。两个带翅膀的精灵在涡卷的中间，一个坐姿个性；另一个手拿滑稽的鞭子，位于中央涡卷饰的两侧，中间是半圆形浮雕象征着标志。整个构造简洁有品位，由建筑师马格纳（Magne）亲自指导，为昂热小镇的剧院所制。

The armorial bearings of the city, in the middle of an elegant cartouch and capped with a mural crown, occupy the centre of the forefront. — Two winged genii, armed the one with a style and the other with satire's whip, are on both sides of the central cartouch amidst theatrical emblems sculpted in demi-relief. — Such is this composition, simple and tasteful, executed for the new theatre of the town of Angers, under the direction of M. Magne, architect.

XVIe SIÈCLE. — ART ARABE.

CHAUDRONNERIE. — GRANDEUR D'EXÉCUTION.

(COLLECTION DE M. GOUPIL.)

GRAVURE REPOUSSÉE AU BURIN

SUR UN VASE EN CUIVRE.

2265 2264

Nous avons fait dessiner au musée oriental, organisé l'année précédente au palais de l'Industrie, une série de gravures au burin sur des objets de chaudronnerie arabe, turque ou persane. — Tous ces ornements gravés sont indistinctement marqués au coin d'une grande originalité et d'une excessive variété. Notre art moderne peut et doit, il nous semble, dans plus d'un cas s'en inspirer. — On peut même parfois, et sans nuire en quoi que ce soit à l'ingéniosité du dessin, en faire la contre-partie. C'est ce que nous avons essayé nous-même dans les bandes ci-dessus, où les parties blanches ont été labourées par les mains du graveur et non les parties teintées.

在去年组织的东方博物馆的工业宫殿内，我们看到了很多来自阿拉伯、土耳其、波斯的雕刻物件。所有的物件装饰都独一无二、匠心独运、丰富多样。我们认为现代的艺术一定受了它们很大的启迪和影响。有时，用相反的方式对待他们，也不会影响绘画的独创性。我们向这位雕刻家学习，尝试不用花哨的颜色，而是使用单一的白色来制造物件，就是很好的例证。

From the Oriental museum organized, last year, in the palace of Industry, we had a series of engravings drawn about articles of the Arabic, Turkish and Persian tinker's wares. — All those engraved ornaments without distinction bear the stamp of a great originality and of an extreme variety. Our modern art can, and we do think, must in more than a case profit by them. — Sometimes even and with in no way prejudicing the ingenuity of the drawing, one may treat them in a contrary way. It is the very thing we have ourselves attempted in these here bands wherein the white parts have been wrought on by the engraver's hand, instead of the coloured ones.

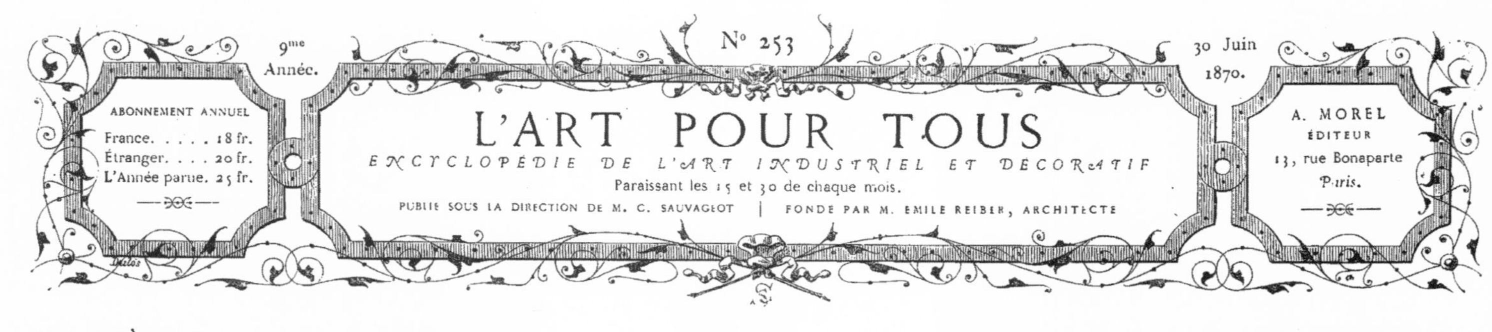

9me Année.
N° 253
30 Juin 1870.
ABONNEMENT ANNUEL
France. . . . . 18 fr.
Étranger. . . . 20 fr.
L'Année parue. 25 fr.
L'ART POUR TOUS
ENCYCLOPÉDIE DE L'ART INDUSTRIEL ET DÉCORATIF
Paraissant les 15 et 30 de chaque mois.
PUBLIÉ SOUS LA DIRECTION DE M. C. SAUVAGEOT | FONDÉ PAR M. ÉMILE REIBER, ARCHITECTE
A. MOREL
ÉDITEUR
13, rue Bonaparte
Paris.

XVIe SIÈCLE. — STYLE MAURESQUE.

FABRIQUE DE MURCIE.

GRAND PLAT EN BRONZE,

A M. LE COMTE DE MORNAY.

A MOITIÉ DE L'EXÉCUTION.

2266

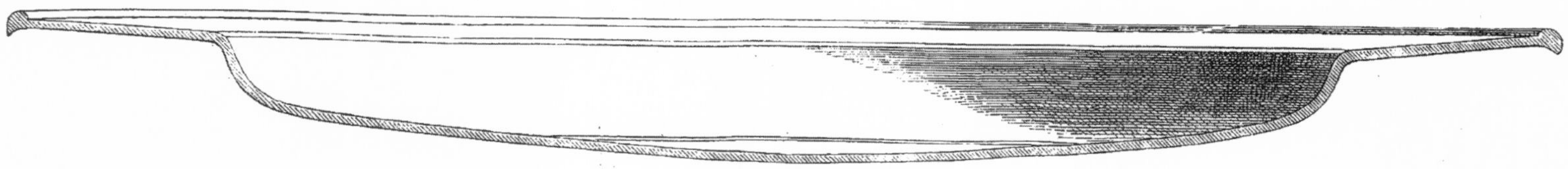

2267

Les ornements dont ce beau plat est couvert sont gravés. — La pièce armoriée du milieu paraît avoir été ajoutée après la conquête, par un propriétaire espagnol. — Elle est en argent et fixée par un rivet. — La figure inférieure donne la coupe exacte du plat.

图中这个美丽的盘子上面的装饰是雕刻而成的。中间盾形饰牌似乎是在这位西班牙所有者拥有之后加上去的。盘子是银制的，上有铆钉。下方的图片展示的是盘子的横切面。

The ornaments with which this beautiful dish is covered are engraved. — The piece in the middle with escutcheon seems to have been added, after the conquest, by its owner, a Spaniard. — It is of silver and rivetted. — The lower figure gives the exact horizontal section of the dish.

XVIe SIÈCLE. — ÉCOLE FRANÇAISE CHAMPENOISE.

(AU MUSÉE DE CLUNY, A PARIS.)

CHEMINÉE EN PIERRE DE LIAIS

DÉTAILS AU DIXIÈME D'EXÉCUTION.

Nous avons tout dernièrement montré l'ensemble de cette cheminée, datant de 1562 et exécutée par *Hugues Lallement*, sculpteur français. — Nous présentons aujourd'hui, à une plus grande échelle (au dixième de l'exécution), un angle de ce petit monument d'architecture et de sculpture, qui n'est pas à coup sûr l'œuvre la moins intéressante du musée populaire créé par du Sommerard.

C'est dans une des salles du rez-de-chaussée de l'hôtel que l'on a placé la cheminée de Hugues Lallement, qui se voyait autrefois dans une maison de Châlons-sur-Marne.

Le sujet principal représente, nous l'avons déjà dit, le Christ à la fontaine dans une sorte de cadre entouré de deux génies et de trophées d'armes. — Le manteau est supporté par deux cariatides ou gaînes portant sur leur socle, l'une le nom du sculpteur, l'autre la date du monument. — La fig. 2269 montre le côté de la cheminée dont la hauteur mesure 3m,60 et la largeur 3m,15.

Indépendamment du mérite de la composition qui est incontestable, il faut signaler aussi la belle exécution des deux génies d'angle et leur parfaite élégance. — Le sculpteur champenois a voulu montrer, dans ces figures, toute sa science et toute son habileté d'artiste.

We quite recently gave the ensemble of that chimney-piece dating from 1592, and executed by *Hugues Lallement*, a French sculptor. — We to-day show, on a larger scale (a tenth of the execution), an angle of that little monument of architecture and decoration which, of a certain, is not the least interesting work of the popular museum created by du Sommerard.

It is in one of the ground-floor rooms that Hugues Lallement's chimney has been placed, which was formerly to be seen in a house of Châlons-sur-Marne.

Its main subject, as we have already said, represents Christ at the well, in a kind of frame with two genii and warlike trophies. — The mantel is supported by two caryatids bearing on their pedestal, the one the name of the sculptor, the other the date of its making. — Fig. 2269 presents the side of the chimney which is 3 metres and 60 centimetres high, and 3m,15c wide.

Besides the merit of the composition which is unquestionable, the nice execution of the two genii at the angles and their perfect elegance are to be noted. — The Champagne sculptor has did intend showing, in these figures, all his science and artistic skill.

图中展示的是源自1592年，由一位法国雕刻家乌格斯·拉勒芒（Hugues Lallement）制作的壁炉架全貌。今天，我们以更大的尺寸（实际大小的十分之一）展示这件作品的建筑式样和装饰。从某种意义上说，这并不是杜·索默拉尔（du Sommerard）建造的博物馆中最无趣的作品。

该壁炉架原本是在马恩河畔的霍夫城堡的一个房间内，现在放在一层的一个房间里。

它主要的主题是“水井旁的耶稣”，这点我们之前提到过。它在一个有两个精灵和战争奖杯的框架中。整个壁炉架由人像柱支撑着，下方一边刻着雕刻家的名字，另一边雕刻着制造日期。图2269展示的是壁炉的侧面，高3.6米，宽3.45米。

除了整个构造的优点显而易见之外，两个精灵的制作精美程度也值得夸赞。这位香槟区的雕刻家在这些人物雕刻中，充分展示了他全部的科学性和艺术技巧。

2268 2269

(COLLECTION DE M. MOMBRO.)

2270

(COLLECTION DE M. [illegible]VITEL.)

2271

Quelle est l'origine de ces deux panneaux sculptés, et quelle était leur destination primitive? On l'ignore, et cela s'explique assez. — Ils ont dû, depuis un certain temps, passer de main en main, et par là dérouter toute recherche. — Ce qu'on peut affirmer, c'est qu'ils sont l'un et l'autre d'un intérêt réel et d'une exécution remarquable.

图中所示的两个门板于何时建造又为何而建？无人知晓，而正是因为没人知道，才说明了一切。它们一定是从某个时候开始，代代相传，这也解释了为什么研究不出它的来历。但它们的共同点在于都令人兴趣盎然，做工无可挑剔。

What is the origin of these two carved panels and what was their primitive destination? No one knows, and that ignorance is explained easily enough. — They must, from a certain time, haved passed from hand to hand, a circumstance which explains the unsuccesfulness of every research. — But both have a real interest and are of a remarkable execution.

XIVe SIÈCLE. — ORFÉVRERIE FRANÇAISE. (ÉCOLE DE LIMOGES.)

RELIQUAIRE EN CUIVRE DORÉ ET ÉMAILLÉ. GRANDEUR DE L'EXÉCUTION.

La richesse, l'abondance ne sont pas toujours des moyens absolus de réussite dans les travaux d'art. — Le reliquaire ci-contre semble en être une preuve sans réplique. — Il attire surtout l'attention par une simplicité de bon goût, par une grande pureté de lignes et une élégance raisonnée. — Le pied seul fait preuve d'une richesse relative ; il est à six pans, légèrement concaves, et divisé en six arcatures à fond d'émail bleu tendre. Des anges ailés et nimbés se voient sous chaque arcade.

La tige qui vient ensuite est ornée de moulures fines et fermes à la fois; puis, sur une sorte de tablette, se pose la partie centrale destinée à contenir la relique, et maintenue par quatre contre-forts en partie isolés. — La relique est garantie par une vitre cylindrique. — Les contre-forts sont émaillés de rouge et de bleu. L'espèce de lanterne qui termine l'objet est trouée de quatre feuilles auxquelles succède le CLOCHER proprement dit en forme d'éteignoir, terminé lui-même par une croix comme une véritable flèche d'église. — Çà et là, on remarque des ornements gravés au burin et empruntés le plus souvent à l'ornementation architecturale de l'époque.

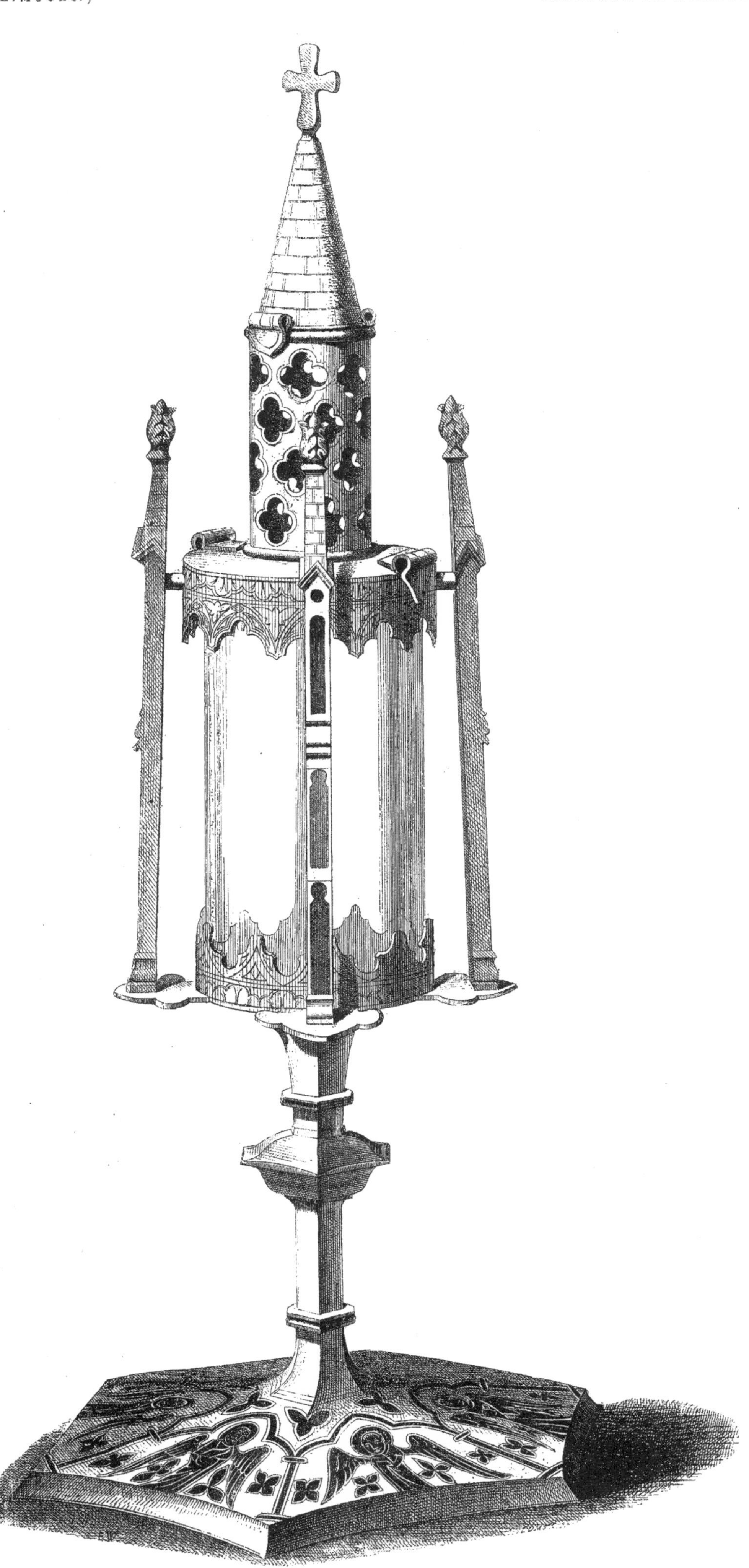

Richness and luxuriance are not always absolute means to success in the works of art. — This here reliquary is an unquestionable proof of it. — It specially calls attention by its tasteful simplicity and sensible elegance. — The only foot shows a comparative richness; it has six sides slightly concave and divided in six arches with a ground of blue enamel. Winged angels with nimbi are seen under each arch.

The tige, which comes next, is adorned with mouldings both fine and firm ; then, on a kind of table, the central part is put, which is destined to contain the relic and upheld by four piers partly isolated. — The relic is shaded by a cylindrical pane of glass. — The piers are enamelled red and blue. The kind of a lantern, wherewith ends the object, is holed with four cut leaves over which stands the *steeple* funnel-shaped, itself ending in a cross, like a real spire of a church. — Here and there one remarks engraved ornaments generally borrowed from the architectural ornamentation of the epoch.

富贵和奢华并不代表着艺术作品的成功。此处的圣髑盒无疑证明了这一点。它以其雅致的简洁性和感性的典雅特别引入注目。唯一的底座显得格外华贵；它底部有六个略凹的侧面，形成六个弓形边，上着蓝色的瓷漆，每个弓形边上都可以看到带着圣光的天使。

底座上面的柱干装饰有精美而坚固的旋钮扣；然后中心的部分建立在像桌面一样的结构上，四个角分别支撑着一个竖杆。中间主体是圆柱形的玻璃构成，竖杆刷着红色和蓝色的瓷漆。顶部的结构上面有镂空四叶草图案，上面立着漏斗状的尖顶，末端有一个十字架，像是真的教堂尖顶一样。此物件各处的设计都借鉴了当时工业装饰的雕刻风格。

2272

10me Année.
N° 254
15 Juillet 1870.
ABONNEMENT ANNUEL
France. . . . . 18 fr.
Étranger. . . . 20 fr.
L'Année parue. 25 fr.
L'ART POUR TOUS
ENCYCLOPÉDIE DE L'ART INDUSTRIEL ET DÉCORATIF
Paraissant les 15 et 30 de chaque mois.
PUBLIÉ SOUS LA DIRECTION DE M. C. SAUVAGEOT | FONDÉ PAR M. ÉMILE REIBER, ARCHITECTE
Ve A. MOREL & Cie
ÉDITEURS
13, rue Bonaparte
Paris.

XIXe SIÈCLE. — ÉCOLE FRANÇAISE CONTEMPORAINE.
DÉCORATION MOBILIÈRE.

ARMOIRE AUX CHASSES, A NOTRE DAME DE PARIS,
SALLE CAPITULAIRE.

(PEINTURES DE M. A.-F. PERRODIN.)

CIMELIUM ECCLESIÆ

8 7

1 2

2272

1. La reine Blanche faisant l'éducation de son fils.
2. Saint Louis rendant la justice sous le chêne de Vincennes.
7. Derniers moments de saint Louis.
8. Funérailles de saint Louis.

Nous montrons dans une seconde page les quatre sujets qui complètent la décoration de cette belle armoire, dont la menuiserie a été faite sur les dessins de M. E. Viollet-le-Duc.

1. 女王布兰卡（Blanca）在教育儿子。
2. 圣路易斯（Holy Lewis）在万塞纳的一棵橡树下主持公正。
7. 临终前的圣路易斯。
8. 圣路易斯的葬礼。

这个衣柜由维奥勒拉·杜克（Mr. Viollet-le-Duc）公爵设计，由木匠打造而成，该衣柜的装饰由四部分组成，我们将在第二页进行介绍。

1. Queen Blanca educating her son.
2. Holy Lewis administering justice under the oak-tree of Vincennes.
7. Holy Lewis' last moments.
8. Holy Lewis' burial.

We are to show on a second page the four subjects which complete the decoration of this beautiful mantle, the joiner's work of which was performed after Mr. Viollet-le-Duc's designs.

XVIe SIÈCLE. — MODES FRANÇAISES.
(ÉPOQUE DE HENRI III.)

ARTS SOMPTUAIRES. — COSTUMES,
D'APRÈS JACQUES BOISSARD.

2273

Madame la comtesse Dziatynska, née princesse Czartoryska, dont on connait la belle collection et le goût pour les arts, a mis à notre disposition un recueil de costumes gravés par Jacques Boissard en 1581. — Ce recueil, devenu extrêmement rare, est une histoire complète du costume de l'époque. — Nous y puiserons plus d'une fois, et dès aujourd'hui nous en extrayons la planche ci-jointe ayant trait aux costumes français.

迪亚特纳斯卡（Dziatynska）伯爵夫人，出生时为查托里斯基（Czartoryska）公主。众所周知，她有精美的艺术收藏和很高的艺术鉴赏力。我们在这里展示的一系列是关于她的礼服，由雅克波斯亚德（Jacques Boissard）在1581年制作而成。这套服装呈现出了那个时代的服装发展历史，非常珍贵。这套收藏常常使人受益，如今我们用法国的服装仿制了其中的一套。

The countess Dziatynska, by birth princess Czartoryska, whose fine collection and good taste in fine arts are well-known, has put to our disposition a selection of costumes engraved by Jacques Boissard in 1581. This selection, which has become extremely rare, presents a complete history of the costumes of that age. — We will often profit by it : from to day we copy one of the plates with french costumes.

XIIe SIÈCLE. — ÉCOLE BYZANTINE.
(BIBLIOTHÈQUE MAZARINE, A PARIS.)

ENLUMINURES. — LETTRES INITIALES.
GRANDEUR DE L'EXÉCUTION.

D'APRÈS LES DESSINS DE M. ED. AUBERT.

2274

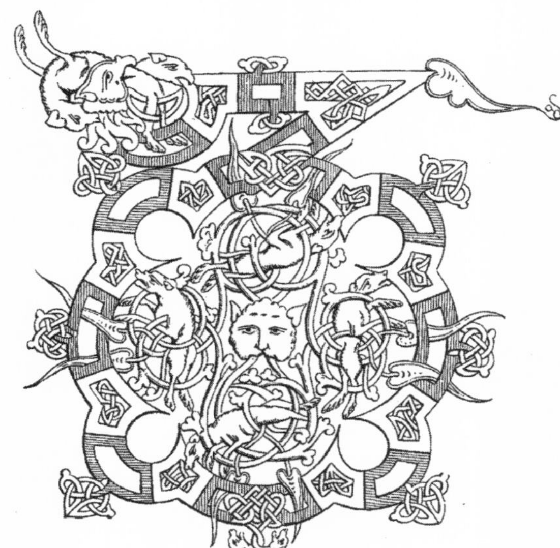

2275

2276

Les lettres que nous offrons ici aux lecteurs de *l'Art pour tous* sont tirées d'un manuscrit appartenant à la bibliothèque Mazarine. (*Breviarium Cassinense*, n° 759). — Ces majuscules, si originales par la composition, et d'un dessin si ferme, sont encore rehaussées par l'éclat d'un coloris où le rouge et l'or dominent. Nous aurions aimé à employer les ressources de la chromolithographie, mais, ayant dû y renoncer, nous avons pensé que notre simple esquisse donnerait une idée suffisante de l'habileté des artistes sortant des écoles byzantines du dizième siècle. — Nous publierons prochainement une seconde série de ces lettres.

我们在这里提供给读者的这些字母来自马萨林图书馆的一份手稿。这些大写字母（Breviarium Cassinense，第 759 号）均为原创设计，生动形象，色彩艳丽，主色调为红色和金色。我们本打算用彩色石印术展示这些字母，

2277

The letters we offer here to our readers are taken in a manuscript of the Mazarine library. These (*Breviarium Cassinense*, n° 759) capital letters of an original composition, vigorously worked out, are still enriched by the brilliancy of the colouring, where red and gold are dominating. We would have made use of chromolithography, but since we were obliged to renounce to it in this case, we thought our simple sketch might give a sufficient idea of the skill of the performers of the byzantine schools in the 10th. century. — We will shortly publish a second series of these letters.

但是现在我们不得不放弃这一想法，因为我们觉得，简单的勾画线条就可以充分展示出 10 世纪拜占庭艺术家的技艺。我们将很快出版这些字母的第二版。

2278

2279

2280

ANTIQUITÉ. — CÉRAMIQUE GRECQUE.

(MUSÉE NAPOLÉON III, AU LOUVRE.)

VASE EN TERRE CUITE,

AUX DEUX TIERS DE L'EXÉCUTION.

Ce vase en terre cuite, destiné, selon toute probabilité, à un usage particulier, n'est en réalité qu'une sorte de panier, mais il faut avouer que c'est le plus élégant, le plus gracieux, le plus ingénieux panier qu'on ait jamais fabriqué. — Tout y est exquis et d'un goût irréprochable. — D'une plate-forme, d'un socle où s'agite toute une basse-cour, naissent, entourées d'acanthes, quatre tiges, qui viennent se terminer en volutes savantes et supporter le vase proprement dit, composé de quatre récipients circulaires. — Des personnages circulent autour des récipients et servent de points de départ à une anse tressée. — Des têtes d'animaux apparaissent au sommet de chaque volute, et de larges fleurs à pétales meublent le vide produit par ces dernières. — La fig. 2282 montre à une échelle plus petite le plan de ce charmant objet.

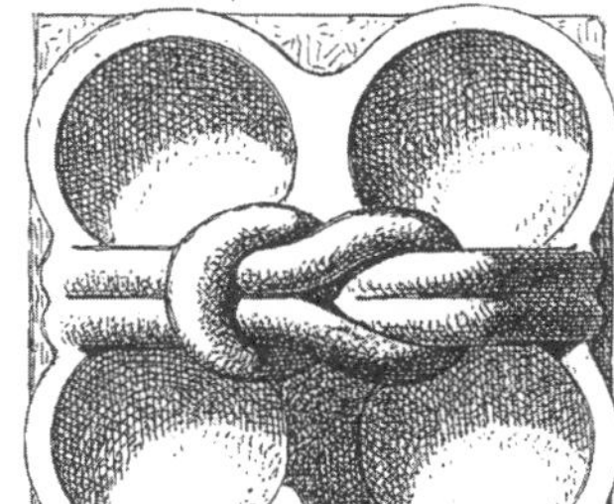
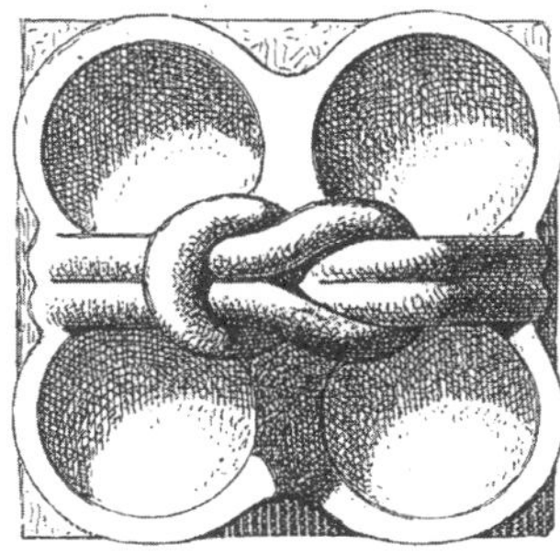

2282

This earthen vase, probably destined to a particular use, is nothing but a kind of basket, but we dare say, it is the most elegant, gracious and ingenious basket imaginable. All in it is exquisite and proofs the finest taste. Four shafts arise from the pedestal on which all kinds of courtyard animals are moving. The shafts surrounded by acanthi ending in artful volutes support the very vase composed of four circular recipients. — There are figures all around the recipients and the latter support a twisted handle. Each of the volutes is surmounted by the head of some animal whilst the spaces produced by the former are filled up with large flower-petals. — The figure 2282 shows on a somewhat smaller scale the plan of this charming object.

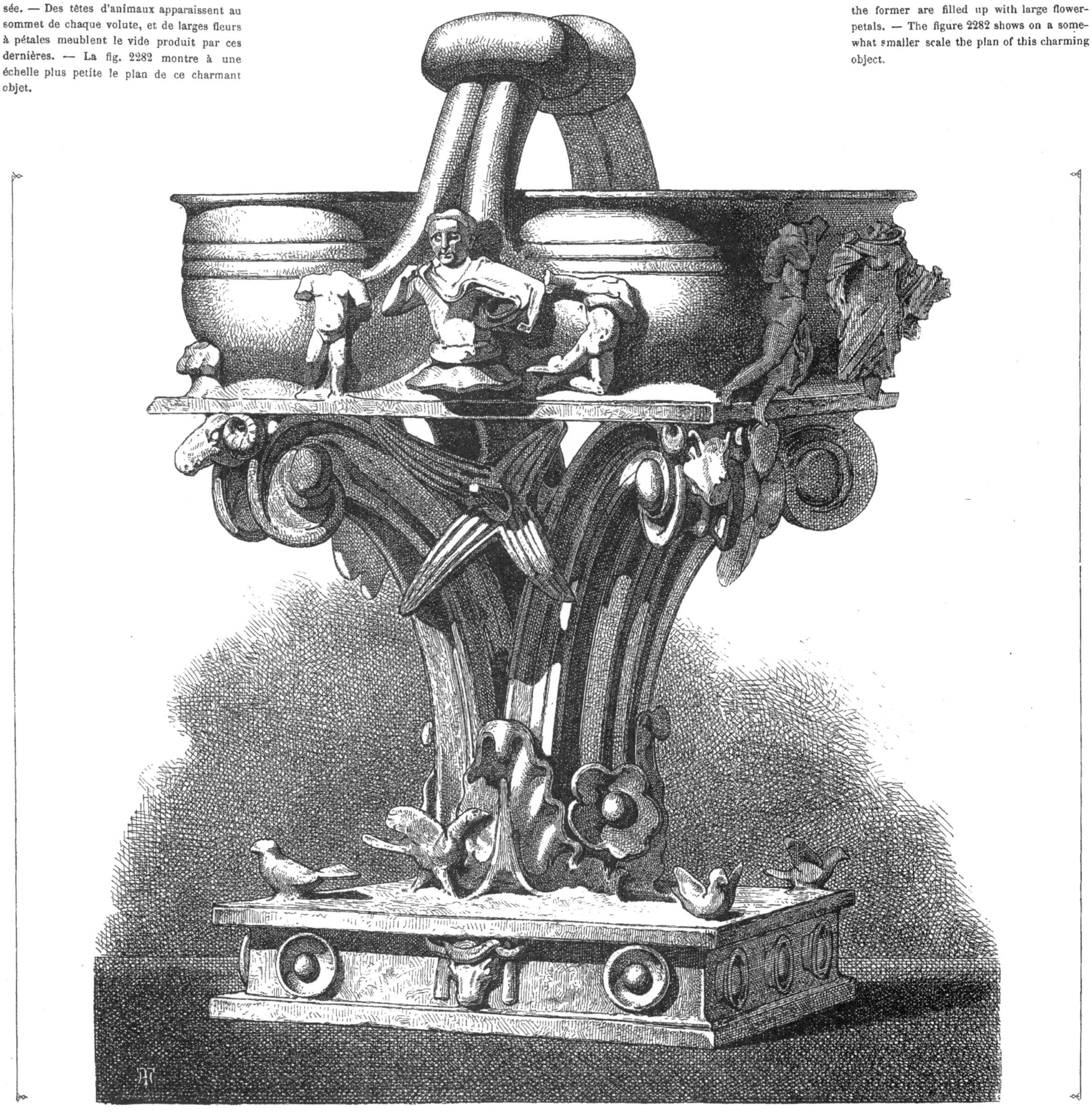

2284

这个陶瓶只是一个篮子，当初可能是为了某种用途而设计出来的，但是我们敢说，这是人类所能想象出来的最讲究、最优雅、最巧妙的篮子。这个陶瓶极为精致，展示出了极高的艺术品位。陶瓶的底座好似一个庭院，院内各种动物栩栩如生。四个柱子由底座向上延伸，呈现出优美的螺旋状，周围是叶形装饰，支撑着陶瓶上部的四个圆形容器。四个容器周围都刻有人物形象，这些人物支撑起了一个交错的手柄。四个柱子的螺旋部分利用动物头进行装饰，中间的空间填满了大花瓣。图 2282 是该精致陶瓶的缩小比例的平面图。

10e Année.
N° 255
30 Juillet 1870.
ABONNEMENT ANNUEL
France. . . . . 18 fr.
Étranger. . . . 20 fr.
L'Année parue. 25 fr.
L'ART POUR TOUS
ENCYCLOPÉDIE DE L'ART INDUSTRIEL ET DÉCORATIF
Paraissant les 15 et 30 de chaque mois.
PUBLIÉ SOUS LA DIRECTION DE M. C. SAUVAGEOT | FONDÉ PAR M. EMILE REIBER, ARCHITECTE
Ve A. MOREL & Cie
ÉDITEURS
13, rue Bonaparte
Paris.

XIXe SIÈCLE. — ÉCOLE FRANÇAISE CONTEMPORAINE.
DÉCORATION MOBILIÈRE.

ARMOIRES AUX CHASSES, A NOTRE-DAME DE PARIS.
SALLE CAPITULAIRE.

(PEINTURE DE M. A.-F. PERRODIN.)

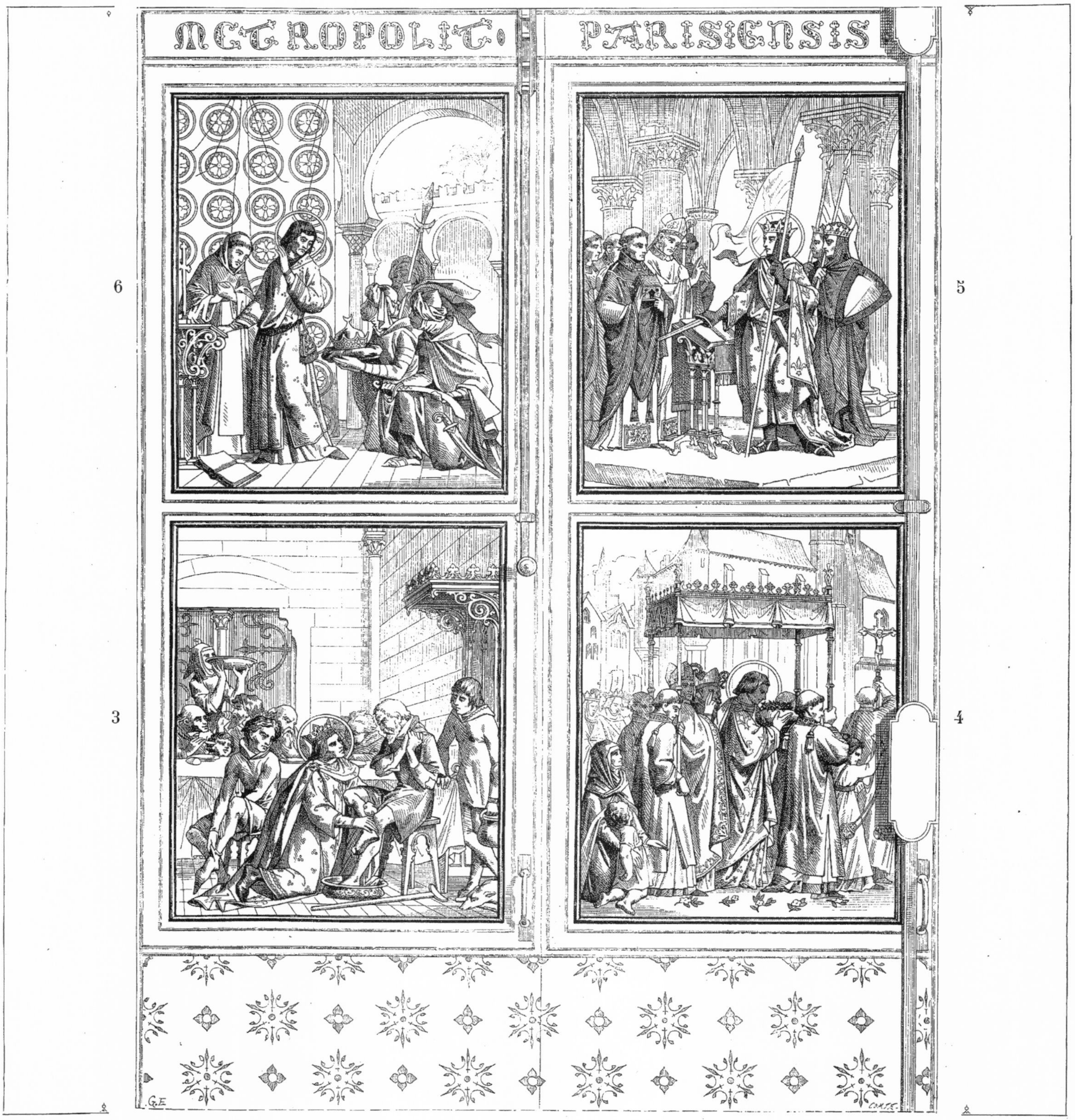

METROPOLIT· PARISIENSIS

6 5

3 4

2283

3. Saint Louis lavant les pieds des pauvres le jour du jeudi saint.
4. Le roi transporte la couronne d'épines de Jésus-Christ.
5. Saint Louis et ses frères prennent la croix à Notre-Dame de Paris.
6. Saint Louis refuse la couronne de Bagdad, étant prisonnier en Palestine.

3. 耶稣升天节，圣路易斯（Holy Lewis）为穷人洗脚。
4. 国王手捧耶稣的荆棘王冠。
5. 圣路易斯和兄弟们拿起巴黎圣母院的十字架。
6. 圣路易斯囚禁于圣地时，拒绝接受巴格达王冠。

3. Holy Lewis washing the feet of the poor on holy Thursday.
4. The king carrying the thorny crown of Christ.
5. Holy Lewis and his brothers take up the cross in the church of Notre-Dame at Paris.
6. Holy Lewis refuses the crown of Bagdad, when a prisoner in the holy Land.

ANTIQUITÉ. — CÉRAMIQUE GRECQUE.

VASES EN TERRE, DÉCORÉS DE PEINTURES.

(COLLECTION DE LUYNES, A LA BIBLIOTHÈQUE IMPÉRIALE.

2284 2285 2286

Les trois vases ci-dessus font partie de la collection donnée par le duc de Luynes à la Bibliothèque impériale. — Nous avons montré à une plus grande échelle, dans notre huitième année, pages 830 et 831, le sujet du vase principal et les ornements du vase de gauche. — Le vase central a été trouvé à Agrigente. Le sujet représente Vulcain chez les divinités de la mer. Sur le vase fig. 2284 on voit Minerve et Neptune, dieu des eaux. Ces deux figures sont fortement empreintes d'archaïsme. Le troisième vase, d'une forme assez inélégante, laisse voir, sur la panse, un Orphée d'un beau style.

上图的三个器皿属于吕伊内的公爵捐给皇家图书馆的藏品。在本书出版的第八年里，我们在第 830，831 页对重要的器皿进行了展示，左边可以看到器皿的装饰。中间的器皿是在意大利的阿格里真托发现的，它代表了海洋诸神中的火神武尔卡诺（Vulcano）。图 2284 的器皿上为密涅瓦（Minerva）和海神尼普顿（Neptunus），这两个人物带有浓厚的拟古主义印记。第三个器皿，外形算不上优雅，在中间部分印有俄耳甫斯（Orpheus）的优美形象。

The three vases here-above belong to the collection given by the duke of Luynes to the imperial Library. — In the eight year of our publication, on the pages 830 and 831, we showed the principal vase and the ornaments of that seen on the left. — The central vase was found in Agrigentum. — It represents Vulcano among the divinities of the Ocean. — On the vase fig. 2284 one sees Minerva and Neptunus, the god of the waves. These two figures bear a strong stamp of archaism. The third vase, of a somewhat ungracious form, shows on its paunch an Orpheus of a fine style.

XVIIIe SIÈCLE. — ÉCOLE FRANÇAISE.

(ÉPOQUE DE LOUIS XV.)

VIGNETTES, — CULS-DE-LAMPE,

PAR BABEL ET MARVY.

Nous puisons dans un livre d'architecture somptueusement illustré les motifs variés que nous montrons ci-contre. Ces motifs sont gravés en taille-douce avec une véritable perfection ; aussi nos reproductions n'ont-elles pas la prétention d'atteindre à ce degré de perfection, et tout le monde comprendra que nous avons seulement voulu montrer la composition, l'arrangement, l'esprit du motif. Il en sera de même chaque fois que nous mettrons en présence d'une gravure au burin ou à l'eau-forte les nouveaux procédés de gravure en relief dont se sert *l'Art pour tous* : une lutte sérieuse est impossible.

Le motif central, fig. 2288, est un cul-de-lampe composé d'un cartouche autour duquel de petits génies ailés jouent avec les instruments et les attributs de l'architecture. — Les uns portent de lourds in-folios ou des dessins plus grands qu'eux-mêmes. Un autre mesure une sphère, un quatrième laisse tomber le fil à plomb classique. Tout cela est charmant, ingénieux et gracieux. — Les autres figures, d'aspect plus grave, peuvent être utilisées dans maintes compositions modernes.

2287

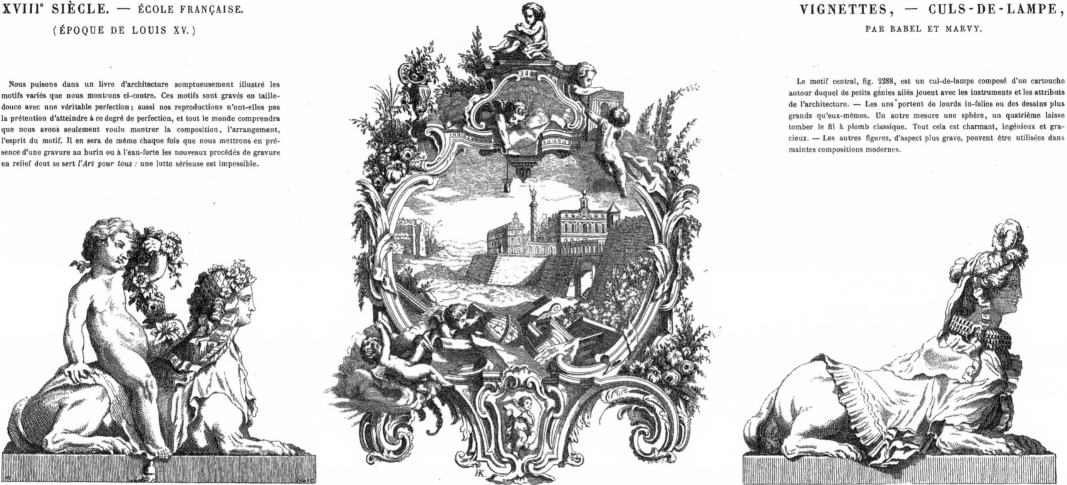

2288

2289

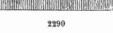

The various motives we show here are taken from a book abounding with splendid illustrations. They are copper-plate engravings of a most perfect execution, and we do not pretend to such a degree of perfection. Every one understands, our aim was only to give an idea of the composition, arrangement and spirit of the motive. It will be the same case at every essay to reproduce, by the means of our new proceedings of engraving in relievo, any etching or stroke-engraving : a wholly perfect imitation is impossible.

The central motive n° 2288 is a cul-de-lampe composed of a cartouche surrounded by winged genii playing with the instruments and attributions of architecture.—One of them holds a large in-folio or drawing, an other shows a sphere, a third one has a pumbine. The whole is charming, ingenious and gracious. — The other figures of graver aspect may be utilised in many modern compositions.

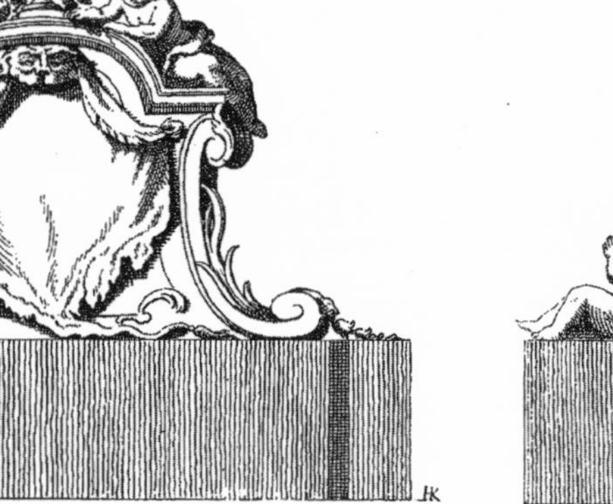

2290

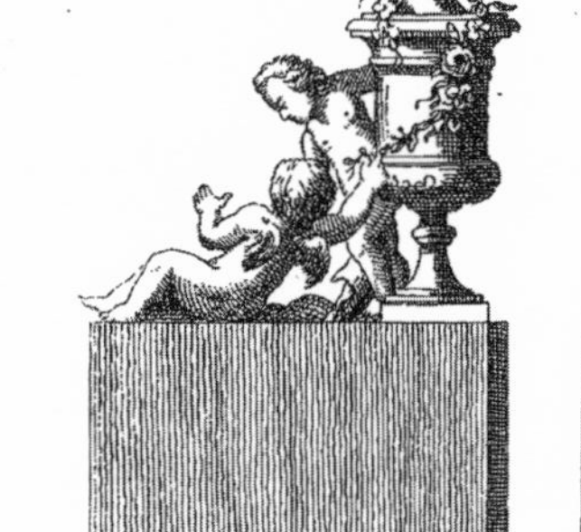

2291

2292

我们在这里所展示的物品，都取自一本插画精美的书。它们都是铜版画雕刻中最完美的精品，这种完美不是我们胡诌出来的。大家都明白，我们的主要目的是给大家展示这些艺术品的构成、布局和精神。在每一个复制作品中，都会出现相同的情况，当我们对浮雕作品进行复制，任何蚀刻或笔画雕刻都不可能被一点不差地复制出来。

图 2288 是一个主题为带翅膀的天使把玩着器具和建筑属性，由漩涡装饰组成的走廊灯。其中一个天使拿着一个对折本画画，另外一个在测量地球仪，第三个天使拿着一个铅锤。整个作品非常可爱、巧妙、优雅。许多雕刻形象在现代作品中也可以用到。

XVIe SIÈCLE. — ÉCOLE FRANÇAISE CHAMPENOISE.
(ÉPOQUE DE HENRI III.)

CHEMINÉE SCULPTÉE EN PIERRE.
(DÉTAILS.)

(AU MUSÉE DE L'HOTEL DE CLUNY, A PARIS.

Tous ces détails sont présentés à l'échelle de 0m,15 centimètres pour mètre, et font partie des jambages de la cheminée. — Voyez l'ensemble du monument publié dans la neuvième année de l'*Art pour tous*.

所有的细节都是按 1:15 比例呈现的，这些是烟囱外壁的一部分。在我们出版的第九年的《艺术大全》中，读者可以看到这个作品的完整版。

All these details are represented on a scale of 0m,15 per meter and make part of the chimney-jambs.

See the whole monument published in the ninth year of the *Art pour tous*.

10e Année.
N° 256
15 Août 1870.
ABONNEMENT ANNUEL
France. . . . . 18 fr.
Étranger. . . . 20 fr.
L'Année parue. 25 fr.
L'ART POUR TOUS
ENCYCLOPÉDIE DE L'ART INDUSTRIEL ET DÉCORATIF
Paraissant les 15 et 30 de chaque mois.
PUBLIÉ SOUS LA DIRECTION DE M. C. SAUVAGEOT | FONDÉ PAR M. EMILE REIBER, ARCHITECTE
Ve A. MOREL & Cie
ÉDITEURS
13, rue Bonaparte
Paris.

XVIII° SIÈCLE. — ÉCOLE FRANÇAISE.
(ÉPOQUE DE LOUIS XV.)

DÉCORATION INTÉRIEURE. — LAMBRIS SCULPTÉ
DE L'ANCIEN HOTEL DE VILLARS, A PARIS.

2299

2300

C'est le petit côté de la galerie de l'hôtel de Villars que nous montrons. — Notre gravure est faite d'après celle qui figure dans le « Recueil des plus beaux édifices anciens et modernes, dédié aux amateurs des beaux-arts, 1757, et publié chez Charpentier, rue Saint-Jacques, à Paris, — avec privilége du roy. »

在这里我们展示了维拉斯酒店画廊中的一角。我们的雕刻是根据《古代和现代艺术收藏》里的作品完成的。（献给艺术爱好者，巴黎查庞迪出版社于 1757 年出版）

We show here the smaller side of the gallery of the Villars hotel. Our engraving was made after that which figures in the work : « Recueil des plus beaux édifices anciens et modernes, dédié aux amateurs des beaux-arts, 1757, et publié chez Charpentier, rue Saint-Jacques, à Paris, — avec privilége du roy. »

XVIe SIÈCLE. — ÉCOLE FRANÇAISE.
(ÉPOQUE DE HENRI II.)

FIGURES DÉCORATIVES,
PAR JEAN GOUJON.

Dès le deuxième volume de l'*Art pour tous*, notre prédécesseur, M. E. Reiber, commençait la publication des Nymphes de la Seine par Jean Goujon, et il annonçait que les cinq bas-reliefs de la fontaine des Innocents, dus au ciseau du célèbre sculpteur, trouveraient successivement place dans le recueil. — Deux figures sur les cinq ont été gravées et publiées, et c'est seulement aujourd'hui qu'à la demande d'un très-grand nombre d'abonnés, nous complétons l'intéressante série. — Vaut mieux tard que jamais, dit le proverbe.

La figure ci-jointe, que nous avons réduite d'après des photographies faites avant la restauration et la transformation du monument, occupait l'entre-pilastre d'une des faces du monument érigé primitivement par Pierre Lescot, au coin de la rue Saint-Denis et de la rue aux Fers. Jean Goujon sculpta aussi, dans les frises, des tritons et des enfants du dessin le plus charmant. — La fontaine fut transportée en 1785 au milieu de la place des Halles, puis restaurée de nos jours par M. Davioud avec le soin le plus scrupuleux.

From the second volume of the "*Art for All*", our predecessor, Mr. Reiber, had commenced the publication of the Nymphs of the Seine by Jean Goujon, and announced that the five low-reliefs of the « fontaine des Innocents » were to take place successively in our collection. — Two of the five figures have been engraved and published, and only to day, at the demand of a large number of our readers we complete the interesting series. — As says the proverb : better late, than never.

The here represented figure, reduced after the photographies which were made before the restoration and transformation of the monument, occupied the intercolumniation of one of the fronts of the monument primitively erected by Pierre Lescot at the corner of Saint-Denis street. Jean Goujon also sculptured tritons and children in the friezes of the most charming aspect. — In 1785 the fountain was transferred to the midst of the Market-place, then, in our days, restored with the utmost care by Mr. Davioud.

在《艺术大全》的第二年中，瑞博（Reiber）前辈出版了让·古戎（Jean Goujon）的作品《塞纳河的女神》，他还宣布，要把五个《无辜的喷泉》浅浮雕一个一个加进我们的收藏。其中两个浅浮雕已经雕刻完成并出版了，如今，在广大读者的要求下，我们完成了这个有趣的系列。正如谚语所说：迟到，而不是永远。

在进行作品的修复与改造工作之前，出现了摄影技术，于是雕塑作品有所减少。纪念碑最初由皮埃尔·莱斯科（Pierre Lescot）立在圣丹尼斯街角上。让·古戎还在最漂亮一面的壁缘雕刻了海神和儿童。1785 年，喷泉及周围区域被改造成了市场，如今，由戴维德先生（Mr. Davioud）进行了细心的修复。

XVIIIe SIÈCLE. — MODES FRANÇAISES.

(ÉPOQUE DE LOUIS XV.)

ARTS SOMPTUAIRES. — COSTUMES,

D'APRÈS UN DESSIN DE WATTEAU.

2302

Cette gravure est la reproduction servile d'un dessin de Watteau. — Dans l'original, pourtant, les contours seuls sont tracés à la plume, et le modelé obtenu par un lavis à la sépia. — Nous ne pouvions user ici du même procédé, et les hachures ont dû remplacer, non sans difficulté, le rendu au pinceau du maître. Cette ronde gracieuse, où la fantaisie n'exclut pas la vérité du costume, devient pour nous une page intéressante d'*art somptuaire*.

这个版画是根据华托（Watteau）的设计所完成的复刻版。原版只用钢笔勾勒了线条，而模板是用深色墨水冲洗而成。这种工艺现在已经用不了了，于是我们只能用刻画影线的方式代替。这些优美的圆形服饰中，奇思妙想和服装的历史真实性并不相互排斥，我们敢说，这是奢侈艺术史上非常有趣的一页。

This engraving is a servile reproduction of a design by Watteau. In the original however the outlines only are traced by the pen, whilst the model has been obtained by a wash in sepia. — We could not make use here of that process, and so we were compelled to remplace it by hatchings. — This graceful round, where fancy and the historical truth of the costumes do not exclude each other is, we dare say, a quite interesting page of the sumptuary art.

ANTIQUITÉ. — CÉRAMIQUE GRECQUE.

(MUSÉE NAPOLÉON III, AU LOUVRE.)

CHÉNEAU EN TERRE CUITE,

AUX 2/3 DE L'EXÉCUTION.

This gutter, like the greatest part of similar pieces having the same destination, is composed of a kind of current ornament by the juxtaposition of a certain number of proofs all moulded alike. — Several times the „*Art for All*" has shown antique friezes and gutters of terra cotta not unlike this one, as to fabric and decoration. — The principal field is almost always ornamented with hairy and bearded masks. — In the example we show here, they are disposed in the centre of elliptical taper medallions, separated one from another by longstemmed flowers with palm-leaves at their bases. — The medallions between the masks have likewise palm-leaves but of little elegancy. A foliaged moulding separates the first of the gutter from that which may be called its crowning, there also are human masks in the midst of scrolls and superposed palm-leaves. — It was necessary, indeed, to ornament the top of the gutter in order to avoid the plainness and monotony of the right line.

The ancients made a very frequent use of terra cotta for their monuments and dwelling-edifices. — Our not imitating them in this is to be regretted, for one might easily without abandoning the very principles of decoration and wise economy.

2303

就像大部分相似的作品都具有相同的用途，这条水沟由许多相同的隔水壁并排铸造而成，属于一种现代的装饰工艺。《艺术大全》中展示过几次用赤土陶器制作的带状排水沟，多为建筑装饰，水沟的主要部分都装饰有长满毛发和胡子的面具。我们在这里展示的作品中，它们被放置在圆形饰物的中心，各圆雕饰由长柄鲜花隔开，底部装饰有棕榈树叶。面具之间的圆形有棕榈树叶做装饰，但是却不够优雅。水沟的前部和顶部用涡卷饰分隔开来，在顶部的卷形装饰中雕刻有人脸面具和叠放的棕榈叶。这些装饰非常有用，它们填补了水沟右侧的空白，避免了单调。古代人常用赤土陶器纪念碑和房屋建筑。很遗憾我们没有完全模仿他们，因为这样才不会打破装饰的原则，同时还可以节省经费。

Ce chéneau se trouve, comme la plupart des pièces de même nature et de destination analogue, formé d'une sorte d'ornement courant par la juxtaposition d'épreuves tirées d'un même moule. — L'*Art pour tous* a déjà montré, à diverses reprises, des frises et des chéneaux antiques en terre cuite, offrant quelque analogie avec celui-ci, tant comme fabrication que comme décoration. — Le champ principal est presque toujours orné de masques chevelus et barbus. — Dans l'exemple ci-contre, ils sont disposés au centre de médaillons elliptiques terminés en pointe à la partie inférieure, et séparés entre eux par des fleurons à longues tiges avec palmettes à la base. — Les médaillons intermédiaires, c'est-à-dire séparant chacun des masques, reçoivent aussi des palmettes assez inélégantes. Une moulure ornée de feuillages hardiment découpés sépare cette première partie du chéneau de celle qui lui sert pour ainsi dire de couronnement, et dans laquelle on voit aussi des masques humains au milieu d'enroulements, de palmettes superposées formant découpures. — Il était utile, en effet, d'accidenter le sommet du chéneau afin d'éviter la sécheresse et la monotonie d'une ligne absolument droite.

Les anciens employaient fréquemment la terre cuite dans leurs monuments et dans leurs maisons d'habitation. — Il est regrettable que nous ne pensions pas à les imiter en cela, car on pourrait le faire sans sortir des principes de la bonne décoration, et sans sortir aussi d'une sage économie.

10e Année.
N° 257
30 Août 1870.
ABONNEMENT ANNUEL
France. . . . . 18 fr.
Étranger. . . . 20 fr.
L'Année parue. 25 fr.
L'ART POUR TOUS
ENCYCLOPÉDIE DE L'ART INDUSTRIEL ET DÉCORATIF
Paraissant les 15 et 30 de chaque mois.
PUBLIÉ SOUS LA DIRECTION DE M. C. SAUVAGEOT | FONDÉ PAR M. ÉMILE REIBER, ARCHITECTE
Ve A. MOREL & Cie
ÉDITEURS
13, rue Bonaparte
Paris.

XVe SIÈCLE. — FERRONNERIE FRANÇAISE.

A MOITIÉ DE L'EXÉCUTION.

HORLOGE A POIDS EN FER CISELÉ.

(COLLECTION DE M. LEROY-LADURIE.)

Presque tous les objets d'art fabriqués aux XIVe et XVe siècles montrent dans leur structure et leur décoration l'emploi de formes architecturales empruntées à leurs époques. L'architecture étant alors le grand livre de tous, et presque le seul livre, il est facile d'expliquer les imitations fréquentes de motifs d'édifices alors préconisés et populaires. — L'orfévrerie, et notamment l'orfévrerie religieuse, s'inspire souvent des décorations appliquées aux monuments; et les calices, les ciboires, les monstrances, les croix portatives, les encensoirs même, etc., offrent le plus souvent un souvenir frappant d'édifices ou de fragments d'édifices.

La pièce que nous présentons ici a dû être exécutée, selon toute probabilité, sur les bords du Rhin, non loin du clocher de Strasbourg, avec lequel elle offre comme une lointaine parenté de décoration. — Cette horloge, une œuvre de maîtrise peut-être, si l'on en juge par le soin avec lequel elle a été exécutée, n'est guère, comme parti pris décoratif, qu'un clocher ou flèche d'église orné de découpures sans nombre, de clochetons, de contreforts, de balustrades, de gargouilles, de crochets, de créneaux, de colonnettes, etc., au milieu desquels on a fixé les rouages de l'horloge et le cadran. Tout cela atteint une véritable perfection d'arrangement et d'exécution. On remarquera que le balancier est formé d'une élégante fleur de lis. — On remarquera aussi l'énergie des chimères placées à la base des clochetons d'angle. Le timbre a trouvé place sous les quatre tiges réunies, formant coupole; et l'ange que l'on voit sous une accolade a conservé la peinture dont il a été revêtu. Au panneau postérieur, très-orné également, on lit en relief la date de 1461.

Nearly all the works of art executed in the XIVth. and XVth. centuries show in their structure and decoration the application of the then used architectural forms. At that time architecture being the great, one may say, the only book of all, it is easy to explain the frequent imitations of motives borrowed from preconized and popular edifices. — In many cases the goldsmith's art is inspired by the decorations of monuments, and chalices, pixes, crosses, even censers, offer very often a striking remembrance of edifices or fragments of edifices.

The piece we present here must have been executed, most probably, on the borders of the Rhine, not far from the steeple of Strasbourg, because of the ressemblance. — This clock, perhaps a master's work, to judge by the careful execution, in what concerns decoration, is a mere steeple or church-spire, ornamented with numberless carved work, little steeples, counter-forts, balustrades, hooks, battlements, little columns, etc., in the midst of which are fixed the wheelwork and dial. The whole may be said a most perfect arrangement and execution. The balance, formed of a lily, is to be remarked, and also the energy of the chimeras at the base of the little steeples. The clock is placed under the four shafts forming a cupola and the angel, under a brace, conserved the original painting. On the likewise richly ornamented hinder pannel on reads the date of 1461.

几乎所有14世纪到15世纪的艺术品所具有的风格和装饰都展示出了当时的建筑形式。当时建筑是伟大的，可以说是唯一一本书籍，这就很容易解释为什么当时人们经常模仿那些已经设计好的和流行的建筑物的动机。金匠的艺术灵感常常来源于纪念碑的装饰，还有圣餐杯、照片、十字架，甚至是香炉，经常使人联想起著名的大型建筑物，或其身上的一部分。这一页所展示的艺术品很可能是在莱茵河边所创作的，因为它和斯特拉斯堡的尖顶有很多相似之处。这个钟表应该是出自大师之手，仔细看上面的装饰，非常精致。这个钟表外形好似尖顶或教堂尖塔，装饰了许许多多的雕刻作品，比如小尖塔、拱柱、栏杆、吊钩、防卫墙、塔器等。中间装有齿轮装置和钟面。整个钟表精美至极，布局巧妙。它的钟摆由一个百合花构成，值得注意的还有小尖塔下面那充满活力的怪兽。表盘上部是四个支柱，支柱上面是圆顶，顶上是一位天使，这一点保留了原画的创造。钟表背面同样装饰精美，上面所刻年份为1461年。

XIIIe XIVe ET XVe SIÈCLES. — ÉCOLE FRANÇAISE.

LETTRES INITIALES TIRÉES DE DIVERS MANUSCRITS.

G. Regamey, del. et lith.

2303

Strasbourg, typ G. Silbermann.

XIXe SIÈCLE. — ÉCOLE FRANÇAISE CONTEMPORAINE. TAPISSERIE. — PEINTURES MURALES.

COMPOSITION DE M. E. VIOLLET-LE-DUC, ARCHITECTE.

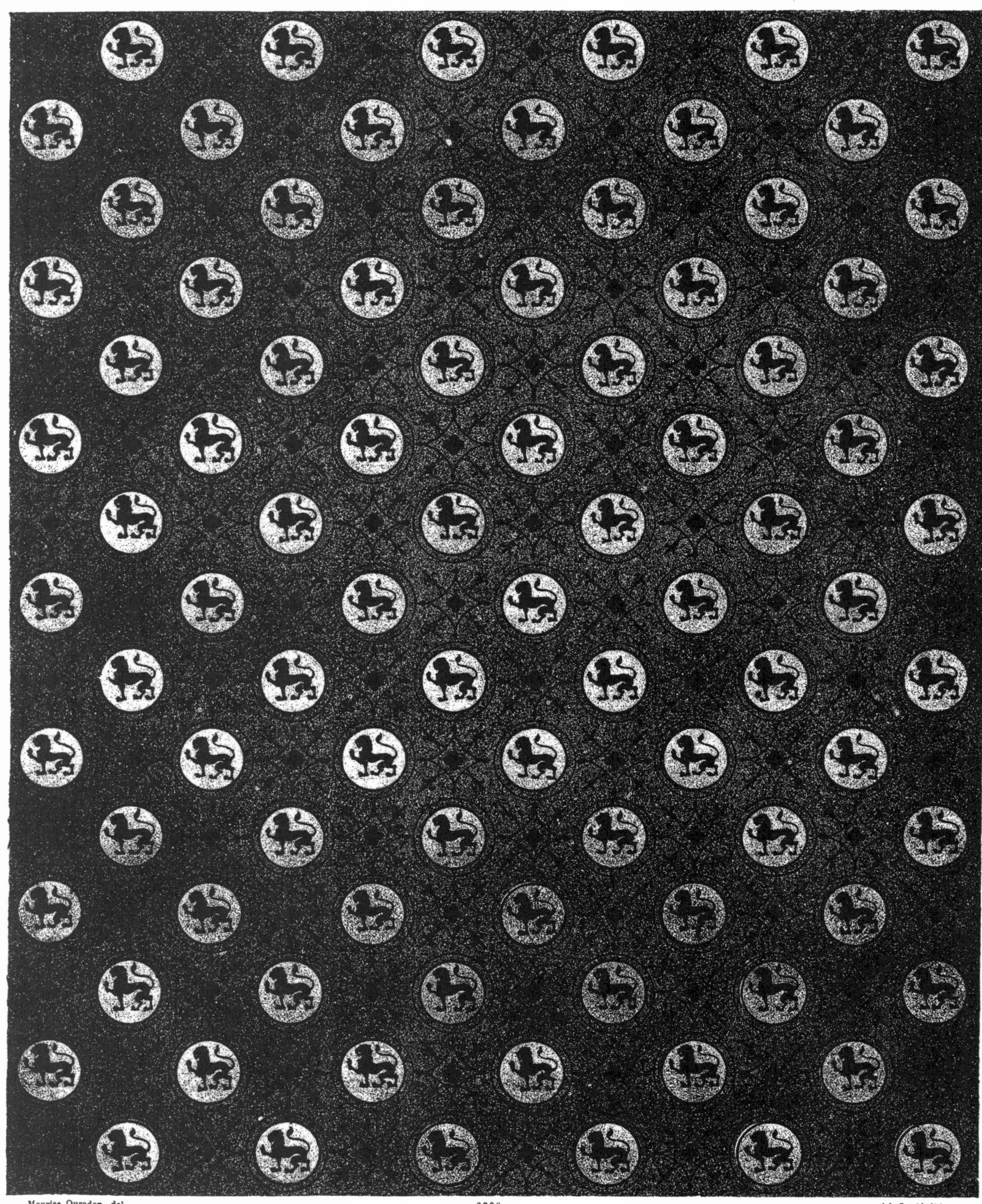

Maurice Ouradon, del. 2306 Ad. Levié, lith.

On est frappé en examinant cette peinture d'une des chapelles de Notre-Dame de Paris, de l'application qu'on en peut faire dans maintes décorations industrielles. En effet, on pouvait sans aucun inconvénient traduire ce semis ingénieux en tapisserie, en papier peint, en cuir repoussé et en gaufrures servant de garde à des livres somptueusement édités. (Au dixième de l'exécution. — Voy. dans la huitième année des peintures murales provenant du même édifice.)

这幅画来自于巴黎圣母院的一个小教堂，稍看一眼就会明白，工业装饰的灵感大多来源于此。想要把这个精美的设计应用于挂毯、刺绣、印花纸、皮革装订和精美的印刷品上，是一件非常简单的事情。（第十部分也有介绍。本书第八年还可以看到这个建筑里的其他壁画）

The sligthiest examination of this painting of one of the chapels of Notre-Dame in Paris is sufficient to proof that the Industrial Decorations may profit largely by it. In deed one might without the least inconvenience apply these ingenious designs to tapestry, embroidering, painted papers, leather-bindings and goffrings for beautiful Editions. (Reduced to the 10th part. See in the collection of the eight year some mural paintings of the same edifice.)

ANTIQUITÉ. — ORFÉVRERIE ROMAINE.

(A LA BIBLIOTHÈQUE IMPÉRIALE. — COLLECTION DE LUYNES.)

COLLIERS EN OR ET GRENATS.

Il ne faut pas douter que le beau collier de la collection de Luynes que nous montrons ci-contre, fig. 2308, ait subi à la Renaissance d'assez importantes restaurations, et, pour en acquérir la preuve, il n'est pas indispensable d'examiner l'original même. Toute personne ayant quelque connaissance de la matière reconnaîtra facilement que les médaillons et les camées ont été montés au xvie siècle. — Malgré cela, ce collier antique de la Bibliothèque impériale peut passer pour une œuvre de grand intérêt, tant au point de vue du style qu'au point de vue de l'exécution, et nous engageons nos bijoutiers modernes à s'entourer de semblables modèles. — Le collier fig. 2309 est surtout remarquable par le tissu métallique dont il est formé et par les têtes d'animaux des extrémités, taillées dans le grenat et serties dans une monture d'or. — Le médaillon central est orné de cabochons. Les figures 2307 et suivantes montrent les mêmes effigies d'empereurs romains qu'au premier collier dont nous venons de parler, et leur monture doit dater aussi du xvie siècle.

图 2308 所示的藏品是鲁尼斯先生（M.de Luynes）的精美项链，毫无疑问，这个项链在文艺复兴时期经历了一些重大的修复工作。想要获得关于修复的证据，甚至都不需要去仔细检查原物，凡是对文艺复兴有所了解的人，稍看一眼就会知道，圆雕饰和宝石都是在 16 世纪镶嵌上去的。然而，这个古老的项链来自皇家图书馆，风格独特，做工精细，我们邀请珠宝商按这个模型将它复制。图 2309 所示的项链，特别值得一提的是，它的金属物质和动物的头部插入了石榴石中，并镶嵌在一个黄金底座上。中间的圆形用打磨过的珍贵宝石进行装饰。图 2307 以及其下面的图片展示了罗马皇帝，与第一个项链的相同的肖像，我们刚刚提到过，它们同样是在 16 世纪镶嵌上去的。

No doubt, the fine collar of M. de Luynes collection we show here, fig. 2308, underwent under the Renaissance some very important restorations, and to acquire the proof of it, it is not even necessary to examine the original itself. Any person being somewhat acquainted with the matter will easily observe that the medallions and cameos were mounted in the xvith. century. Nevertheless, this antique collar of the imperial Library is a work of great interest, much with regard to style and execution, and we engage our jewellers to have such models. — The collar, fig. 2309, is particularly remarkable for its metal tissue and the head of animals at the extremities cut in garnet and set in a gold mounting. — The central medallion is ornamented with precious stones, polished only. — The figures 2307 and following show the same effigies of roman emperors as the first collar, we have just spoken of, and their mounting must date also from the xvith. century.

10me Année.
N° 258
15 Septembre 1870.
ABONNEMENT ANNUEL
France. . . . . 18 fr.
Étranger. . . . 20 fr.
L'Année parue. 25 fr.
L'ART POUR TOUS
ENCYCLOPÉDIE DE L'ART INDUSTRIEL ET DÉCORATIF
Paraissant les 15 et 30 de chaque mois.
PUBLIÉ SOUS LA DIRECTION DE M. C. SAUVAGEOT | FONDÉ PAR M. ÉMILE REIBER, ARCHITECTE
Ve A. MOREL & Cie
ÉDITEURS
13, rue Bonaparte
Paris.

XVIe SIÈCLE. — ÉCOLE FRANÇAISE.
(ÉPOQUE DE HENRI III.)

DÉCORATION MONUMENTALE.
HORLOGE DU PALAIS DE JUSTICE DE PARIS.

2312

La tour de l'Horloge, au Palais de Justice de Paris, a été complétement restaurée en 1851 par MM. Duc et Domey, architectes. C'est depuis cette époque que l'on peut voir le cadran que nous publions, avec son inscription et ses armoiries, comme Henri III les avait fait faire en 1585.

M. Toussaint, sculpteur, a remplacé les statues allégoriques de Germain Pilon, dont il ne restait que des fragments mutilés.

这座钟塔坐落于巴黎司法宫，在 1851 年由建筑师杜克（MM.Duc）和多米（Domey）进行了修复。1585 年，亨利三世下令仿制钟表的外观，包括铭文和装饰，正如我们图中所示。Germain Pilon 的雕像只剩下了残缺的碎片，雕刻家 M. Toussaint 对其进行了仿制。

The clock tower of the Palais de Justice of Paris was completely restored in 1851 by MM. Duc and Domey, architects. At that time the face of the clock, with its inscription and heraldic decorations, were reproduced as they were executed by order of Henri III, in the year 1585, and as they appear in our illustration. M. Toussaint, sculptor, also replaced the allegorical statues of Germain Pilon of which only mutilated fragments existed.

XVIe SIÈCLE. — MODES VÉNITIENNES.
(ÉPOQUE DE HENRI III.)

ARTS SOMPTUAIRES. — COSTUMES,
D'APRÈS JACQUES BOISSARD.

2313 2314 2315 2316

La fig. 2313 représente un membre du conseil privé de la république de Venise, vers l'année 1580.

Les fig. 2314-15 montre deux gentilshommes du même pays.

La fig. 2316 montre le doge ou duc de Venise, la tête coiffée du bonnet ducal.

图 2313 展示了威尼斯共和国在 1580 年召开的秘密会议的成员。
图 2314 和图 2315 是威尼斯共和国的两名绅士。
图 2316 是戴着公爵帽的威尼斯总督。

Figure 2313 represents a member of the secret council of the republic of Venice, about the year 1580.

The figures 2314-15 are two gentlemen of the same republic.

Figure 2316 represents the doge of Venice, with the ducal cap on his head.

XVIe SIÈCLE. — TRAVAIL ALLEMAND.

ARMES DÉFENSIVES. — CASQUES
EN FER CISELÉ ET DORÉ.

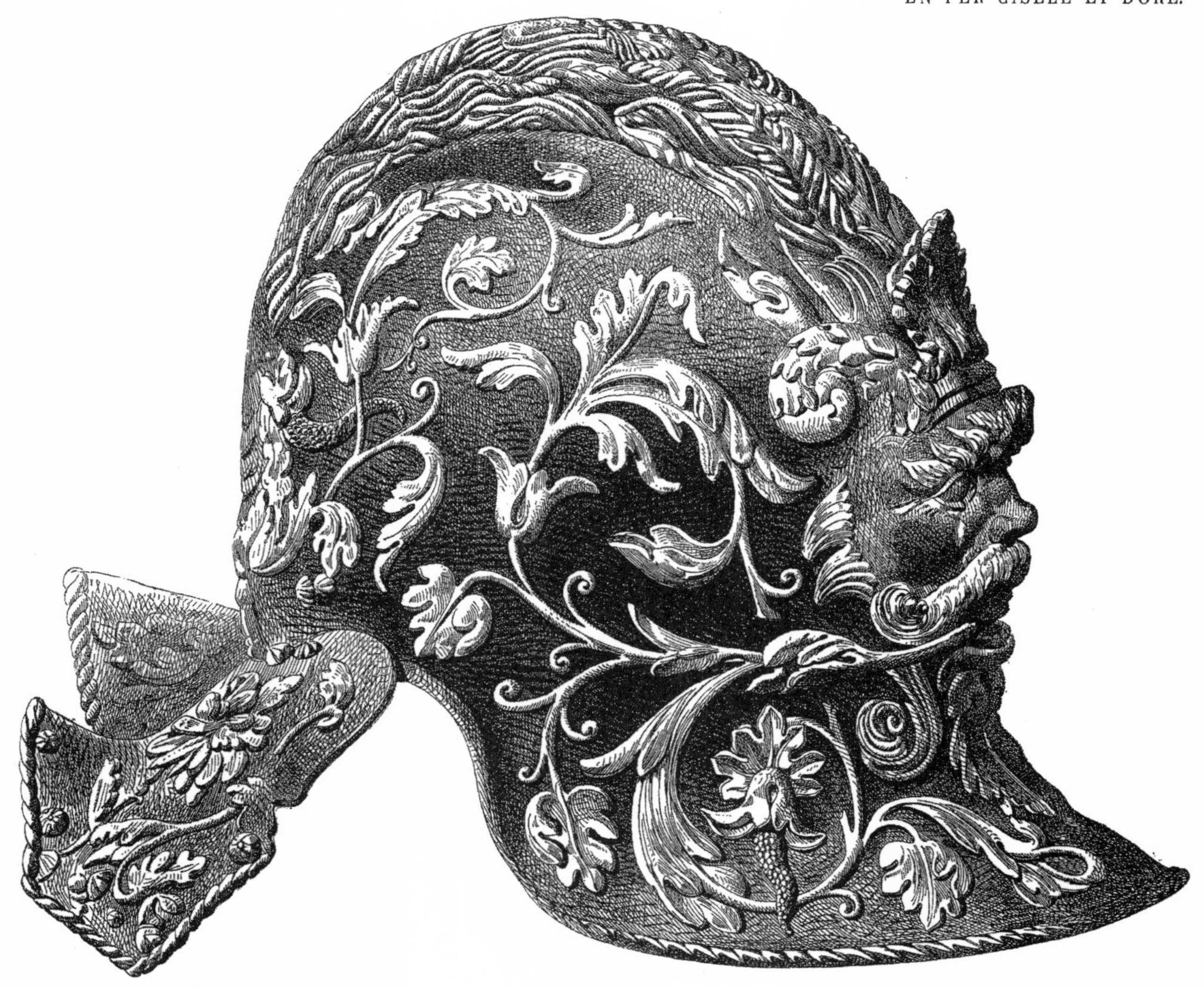

2317

2318

Le casque, fig. 2317, est doré, à l'exception du fond, qui est noir. Celui représenté fig. 2318 est simplement en acier poli et ciselé.

图 2317 是一个镀金头盔，只有下面黑色部分没有镀金。图 2318 是经过雕镂和抛光的金属头盔。

The casque, fig. 2317, is gilt, with the reception of the ground which is black. That represented in figure 2318 is simply of steel polished and chased.

XVIIe SIÈCLE. — FERRONNERIE VÉNITIENNE

MEUBLES.

FONTAINE EN FER FORGÉ ET DORÉ.

(COLLECTION DE M. D'YVON.)

Cette fontaine en fer forgé et doré est bien, nous affirme-t-on, d'origine vénitienne. A certains égards, la chose est possible; mais alors comment expliquer, au milieu de cette espèce de girouette ou d'enseigne découpée adaptée à la tige du meuble, la présence d'un cavalier au costume tout flamand et à la tournure plus flamande encore? Cette enseigne, véritable jouet dont la présence n'était pas de rigueur ici, aurait donc été ajoutée après coup? On peut, sans trop de témérité, le supposer, ou bien alors elle indiquerait que cette fontaine ou lavoir a été faite pour quelque hôtellerie. Toujours est-il que, dans notre esprit, elle jette une sorte de confusion et de doute, au moins pour ce qui concerne l'origine de l'objet.

Ce meuble est à lui seul un petit monument. Il n'est pas d'un goût très-pur peut-être, et manque de sérieux dans ses lignes, mais il offre un caractère particulier et un aspect vraiment gai. L'éclat de la dorure ajoute beaucoup, il est vrai, à cette gaieté dont il est empreint.

La cuvette ou bassin est en cuivre et portée par un trépied, orné aux tiges principales d'enroulements en fer, maintenus par des attaches. Entre le bassin et la fontaine proprement dite, se voit une coquille où l'on dépose le savon. L'orifice de la fontaine montre une figure nue, sorte de petit mannikin-piss: tandis que sur le haut du couvercle est juché un jeune musicien. L'écusson du premier propriétaire vient ensuite, soutenu par deux lions héraldiques, puis, plus haut, une tringle terminée en crossette est destinée à suspendre les serviettes.

Le sommet du meuble est couronné par une réunion d'enroulements, d'où naît une fleur. N'oublions pas de dire, non plus, que le cavalier découpé du sommet est rehaussé de peintures.

2319

This fountain with hand-basin in forged and gilt iron is really, we are told, of Venetian origin. It may be so, but how then are me to explain the presence of the cavalier in German costume and of still more German bearing that we see on the swinging, pierced sign attached to the stem of the fountain? Was this sign, or whatever it may be, which seems quite of place here, added at a later period? It may be suggested perhaps that the sign was that of some inn for which the fountain was made or adapted. However it may be, it seems, in our opinion, to throwe a certain amount of doubt and confusion around the origin of the work.

This piece of furniture is quite a small monument in itself; it is not perhaps in the purest style, and wants decision in some of its lines, but it has a special character, a truly ornamental appearance. The brilliancy of the gilding, it as true, adds greatly to its gay aspect.

The basin is of copper and is supported by a tripod, the chief portions of which are decorated with iron scroll work fastened on by means of bands. Between the basin and the fountain itself will be seen a shell intended to hold soap. The tap of the fountain is decorated with a small nude figure, and on the top of the cover is seated a young musician. The armorial shield of the original proprietor, supported by two lions, is just beneath the pendant of the fountain, and a little higher, on one side, is a rod with a curled terminal ornament intended to hold a towel.

The summit of the work is crowned by a cluster of scrolls from the midst of which springs a flower. We must not omit to mention that the cavalier in the sign, or flag, is decorated with colour.

有人告诉我们，这个用镀金材料锻造的带有喷水器的盥洗池来自威尼斯。或许如此，那我该怎么解释那个穿着德国服装的骑士，和我们在支座上看到独特的德国风格，以及围绕在喷水器手柄上方的标志？这个标志，在这里可能象征着特别的意义，是后来才被添加上去的么？可能有人认为，这个标志可能是某个旅馆的标志，喷水器就是为这个旅馆做的或改造的。不管怎样，我们对这个艺术品的来源不是很确定，持怀疑态度。

这件家具就像是一个小小的纪念碑，或许它的风格不是最为纯正的，它想要在线条中体现什么风格，但是它具有自己的特点，同时具有装饰作用。镀金极为精致，大大增加了观赏性。

盆是铜制的，由三脚架支撑，支架的主要部分由涡卷形装饰组成，并用铁带固定。盆和喷水器的中间，安装有一个肥皂盒。喷水器的水龙头上装饰了一个裸体小人，顶部坐着一个年轻的音乐家。顶部垂饰的下面是印着原主的盾形纹章，由两只狮子支撑着，另一侧再高一点的地方，是一个顶部弯曲的金属杆，用来悬挂毛巾。

作品的最高处由一串卷形花饰装点而成，其中间有一朵花。不得不提，那个骑士和旗帜都是上过颜色的。

10e
Année.
N° 259
30 Septembre
1870.
ABONNEMENT ANNUEL
France. . . . . 18 fr.
Étranger. . . . 20 fr.
L'Année parue. 25 fr.
L'ART POUR TOUS
ENCYCLOPÉDIE DE L'ART INDUSTRIEL ET DÉCORATIF
Paraissant les 15 et 30 de chaque mois.
PUBLIÉ SOUS LA DIRECTION DE M. C. SAUVAGEOT | FONDÉ PAR M. EMILE REIBER, ARCHITECTE
Ve A. MOREL & Cie
ÉDITEURS
13, rue Bonaparte
Paris.

ART JAPONAIS. — CÉRAMIQUE. **PLAT EN PORCELAINE ÉMAILLÉE.**

(COLLECTION DE M. BIXIO.)

2320

Cette pièce est reproduite aux trois cinquièmes de l'exécution. Les oiseaux sont en grande partie blancs. Les feuillages sont verts et les nuées rouges redessinées d'or. Le tout est d'un effet surprenant.

这件精美的日本珐琅瓷器作品，其大小是原艺术品的五分之三。其中，鸟类主要为白色，植物是绿色的，红色的云用金色修饰，轮廓为白色。整个艺术品非常令人钦佩。

The engraving of this fine specimen of enameled Japanese porcelain is three-fifths the size of the original. The birds are principally in white, the foliage is green, and the red clouds are heightened with gold, represented by the white lines. The effect of the whole is admirable.

XVIe SIÈCLE. — FERRONNERIE ALLEMANDE.

(COLLECTION DE M. LEROY-LADURIE.)

CARTOUCHIÈRE EN FER NIELLÉ.

GRANDEUR DE L'EXÉCUTION.

L'objet ci-contre, dont la fig. 2321 montre la face, semble, dans sa décoration et même dans le travail entier, avoir subi l'influence de l'art oriental. C'en est en quelque sorte une réminiscence heureuse et de bon goût.

La cartouchière est de fabrication saxonne et de la fin du xvie siècle, peut-être même du commencement du xviie. Les arabesques sont gravées sur la ferrure même, non à l'aide du système généralement employé pour les nielles, mais à l'eau-forte. Les deux parties réservées sur la face étaient garnies de velours, dont il ne reste plus maintenant que la trame. La partie postérieure fig. 2322 et le dessous de l'objet, la base si l'on veut, sont garnies de cuir quadrillé.

Cet objet se suspendait à la ceinture par une lanière de cuir ou un cordon de soie tressé, semblable à celui que nous avons figuré. On remarquera que la face postérieure est, pour ce fait, plate et à angles vifs, tandis que la face principale offre des angles arrondis.

En résumé, rien n'est plus simple, mais plus rationnel, que la forme générale de cet objet; et son mérite ne consiste pas seulement, on le voit, à montrer des nielles d'un agencement heureux et d'une exécution parfaite.

Les inventions modernes d'armes à feu nous condamnent, à peu près, à ne plus fabriquer d'objets de la nature de celui-ci; mais il faut espérer qu'on pourra toutefois s'en inspirer pour autre chose.

E. Wallet.

2321

2322

The annexed object, the two faces of which are shown in figure 2321, appears by its ornamentation, and indeed in its entirely, to have been produced under the influence of oriental art, of which, to a certain extent it is a happy reminiscence in good taste.

It is a cartouche box of Saxon manufacture of about the end of the xvi or, perhaps, the commencement of the xvii century. The arabesques are produced on the iron itself, not after the usual method of niello work but by means of aquafortis. The two reserved portions of the front were covered with velvet, of which mere shreds now remain. The back, figure 2322, and the bottom of the box are covered with stamped leather.

The cartouche-box was suspended to the belt around the waist, by means either of a leather thong or a silken cord like that figured in the engraving. It will be observed that the back of the box is flat with sharp angles whereas those of the face are rounded off.

Nothing can be more simple and, at the same time, more convenient than the general form of the box, so that it possesses other merits besides that of exhibiting niello work, of a peculiar kind and admirable both in design and in execution.

The nature of modern fire arms almost precludes the manufacture of objects like this, but this is no reason why we should not take a lesson from it in the production of other ornamental works.

图 2321 展示了这件物品的其中两个面，它的装饰物，甚至可以说，整个艺术品的设计都受到了东方艺术的影响，一定程度上展现了极高的艺术品位。

这是撒克逊人制作的子弹盒，制作时间大概是 16 世纪末或 17 世纪初。上部的蔓藤花饰用铁铸成，但并不是用传统的乌银镶嵌法，而是用了蚀刻法。前面中间保留的两个部分布满着丝绒，已经被损坏了。盒子的背面（图 2322）和底部覆盖了压印的皮革。

子弹盒的中间部分有安装绳带的地方，通常是皮带或者丝绸绳带。可以看到，盒子背面非常平整，有很多锐角装饰，而盒子的正面是呈圆形的。

这个盒子设计简单，使用方便，除了用来展示蚀刻技术，还有很多其他的优点，它的设计和制作都令人叹为观止。

现在的武器类型已经不能再使用这种盒子了，但是毫无疑问我们可以从这些装饰作品中学到很多。

XVIIIe SIÈCLE. — ÉCOLE FRANÇAISE. (ÉPOQUE DE LOUIS XV.)

DÉCORATIONS INTÉRIEURES. — ALCOVE-LIT, D'APRÈS BLONDEL.

2323

Au XVIIIe siècle, les lits sont très-rarement isolés. Dans toute chambre à coucher bien ordonnée, ils prennent place au milieu d'alcôves servant de motif à une décoration le plus souvent belle et somptueuse.

18世纪，床很少被隔离开，当成独立的家具用品；在每个精心设计和布置的房间内，它们都被放在凹室里。凹室通常设计优雅，装饰奢华。

In the XVIII century, beds were rarely isolated and independent articles of furniture; in every well designed and furnished chamber, they were placed within alcoves which were often elegantly and even sumptuously decorated.

XVIe SIÈCLE. — MODES ALLEMANDES, SUISSES ET FLAMANDES.
(ÉPOQUE DE HENRI III.)

ARTS SOMPTUAIRES. — COSTUMES.
D'APRÈS JACQUES BOISSARD.

2324 2325 2326 2327 2328

Jacques Boissard habitait Besançon et gravait le recueil où nous puisons ces pages d'art somptuaire, à la fin du XVIe siècle, c'est-à-dire vers 1580.

La fig. 2324 montre une femme suisse; la fig. 2325, une dame de Souabe; la fig. 2326, une damoiselle de Bavière; la fig. 2327, une damoiselle flamande, et la fig. 2328, une jeune fille de Souabe.

Jacques Boussard 是贝桑松的居民，他收藏了这个服饰系列的镌印版，我们从中找到了 16 世纪末的式样，也就是 1580 年。图 2324 雕刻的是一个瑞士人；图 2325 是一位土瓦本的女士；图 2326 是巴伐利亚州的一位未婚女子；图 2327 是一位弗兰德女士；图 2328 是一位土瓦本女孩。

Jacques Boissard was an inhabitant of Besançon and engraved the collection of costumes, from which we have taken the accompanying figures, at the end of the XVI century, that is to say about the year 1580. Fig. 2324 represents a native of Switzerland; fig. 2325, a Suabian lady; fig. 2326, a young unmarried lady of Bavaria; fig. 2327, a young Flemish lady; and fig. 2328, a Suabian girl.

10me Année.
N° 260
15 Octobre 1870.
ABONNEMENT ANNUEL
France. . . . . 18 fr.
Étranger. . . . 20 fr.
L'Année parue. 25 fr.
L'ART POUR TOUS
ENCYCLOPÉDIE DE L'ART INDUSTRIEL ET DÉCORATIF
Paraissant les 15 et 30 de chaque mois.
PUBLIÉ SOUS LA DIRECTION DE M. C. SAUVAGEOT | FONDÉ PAR M. EMILE REIBER, ARCHITECTE
Ve A. MOREL & Cie
ÉDITEURS
13, rue Bonaparte
Paris.

ART CHINOIS ANCIEN. — CÉRAMIQUE.

VASE AVEC ORNEMENTS EN RELIEF ET PEINTS.

(AUX DEUX TIERS DE L'EXÉCUTION.)

2329 2330

Nulle partie de ce vase n'est exempte de décoration. — Deux emplacements avec contours échancrés ont reçu des compositions peintes d'une grande habileté de pinceau, tandis que le reste du vase est orné de branches de fleurs élégamment contournées, produisant un charmant effet. — Feuillages et fleurs sont en saillie et rehaussés de leurs couleurs naturelles.

整个花瓶都布满了装饰。这两个带有圆锯齿状镶边的表面和那优雅地缠绕花枝，都被描绘得非常巧妙。花瓶的其他部分也十分精美。花和叶子都是浮雕的，并染上了属于它们本来的颜色。

The whole of this vase is covered with decoration. — The two plain surfaces with crenated borders are most skilfully painted, and the branches of flowers which twine gracefully round. The rest of the vase produce a charming effect. Both the leaves and the flowers are in relief and are tinted their natural colours.

XVIe SIÈCLE. — MODES ITALIENNES.

(ÉPOQUE DE HENRI III.)

ARTS SOMPTUAIRES. — COSTUMES,

D'APRÈS JACQUES BOISSARD.

2331 2332 2333 2334

La fig. 2331 montre une dame napolitaine en grande toilette. Le col est entouré d'une fraise à godrons; un collier de perles s'étend sur la poitrine. Le mantelet, orné de broderies, dessine et enveloppe les bras, tout en leur laissant la liberté par une ouverture verticale. L'une des mains tient un mouchoir et l'autre un éventail en plume d'autruche. — La fig. 2332 montre également une dame napolitaine, vue de dos et en costume plus simple. — La fig. 2333 est une dame pisane au costume riche et imposant. — Fig. 2334. Gentilhomme florentin drapé dans un vêtement offrant quelque vague souvenir de la chlamyde antique.

图 2331 描绘了一位穿着晚礼服的那不勒斯女士。她的脖子周围有一圈打褶的领子，一串珍珠项链垂到胸前。一件折叠的刺绣斗篷盖住了胳膊，胳膊从垂直的缝隙里自然地伸出来。一只手拿了一块手帕，另一只手拿了一把鸵鸟毛做的扇子。图 2332 描绘了一位那不勒斯女士的背影，这位女士着装较为简单。图 2333 描绘了一位比萨的女士，着装奢华，令人印象深刻。图 2334 描绘了一位佛罗伦萨贵族男子，身上裹着一件斗篷，让人不禁想起古希腊男子的外套。

Fig. 2331. Shews a neapolitan lady in full dress. A plaited ruffle surrounds the neck, et a pearl neck lace comes down over the breast. An embroidered mantle folds and covers the arms, which pass freely through a vertical slit. One hand holds a handkerchief, and the other a fan made of ostrich plumes. — Fig. 2332. Also shews the back of a napolitan lady, more simply dressed. — Fig. 2333. Is a lady of Pisa in a rich and effective costume. — Fig. 2334. A Florentine noble man wrapped in a cloak which reminds one a little of the ancient chlamys.

XVIIIe SIÈCLE. — ÉCOLE FRANÇAISE.
(ÉPOQUE DE LOUIS XV.)

DÉCORATIONS INTÉRIEURES. — POÊLE EN TERRE VERNISSÉE,
D'APRÈS BLONDEL.

2335

Nous n'avons jamais pu voir qu'en gravure des poêles de la forme de celui-ci et disposés comme lui dans une niche richement ornée. Mais il est hors de doute que cela ferait aussi bien que nos poêles en faïence rectangulaires ou cylindriques, et que cela ne pourrait en aucune façon nuire à la décoration d'un appartement.

我们从未见过这种形式火炉，它不是雕刻而成的，而是放置在一个装饰华丽的壁龛里。但可以肯定的是，它们会像现代矩形或圆柱形的精美炉具一样使用，至少会和房间的装饰风格保持一致。

We have never seen stoves of this form, and thus placed in a richly ornamented nich, otherwise than in engravings. But it is certain that they would took at least as well as our modern rectangular or cylindrical porcelain stoves and that they would not be in the least out of keeping with the decoration of a room.

XVIIe SIÈCLE. — FERRONNERIE FRANÇAISE.
(ÉPOQUE DE LOUIS XIV ET DE LOUIS XV.)

GRILLE EN FER FORGÉ ET BALCON
AU DOUZIÈME DE L'EXÉCUTION.

L'industrie du fer forgé a repris depuis une vingtaine d'années seulement une partie de son ancienne importance. Il a fallu pour cela les nombreuses recherches archéologiques faites de nos jours et l'influence, la volonté de quelques-uns de nos plus éminents architectes qui, désolés de ne point trouver d'ouvriers serruriers capables de rendre leurs conceptions ou de copier et de compléter des œuvres anciennes de ferronnerie, se sont en quelque sorte mis eux-mêmes à l'œuvre et ont dû former des ateliers où l'on est parvenu, non sans peine par exemple, à travailler le fer comme autrefois. — Est-ce à dire pourtant que nous serons à même de voir un grand nombre d'œuvres forgées capables de rivaliser avec les chefs-d'œuvre du temps passé? Il n'y faut guère compter. — Le siècle est à la fonte de fer, au zinc, etc., et c'est surtout de cette façon que nous sommes malheureusement appelés à voir reproduire les belles grilles, les riches balcons d'autrefois, qui font l'admiration de tout le monde. — Heureux encore tant que la fonte et le zinc ne nous montreront que des formes gracieuses et nobles, et non des fouillis insensés d'un goût véritablement odieux.

2336

Wrought iron-work has during the last twenty years regained a part of its ancient importance, thanks to the numerous archæological researches mode now-a-days and to the influence and good will of some of our most eminent architects, who, being unable to find locksmiths capable of carrying out their designs, or of copying and completing ancient iron-work, set to work themselves so to speak, and formed workshopes where after many efforts they have succeeded in working iron as it used to be worked. — It would however be far too much to expect that we shall ever see any great number of works capable of rivalling the master-pieces of former times. — This is the age of cast iron and of zinc, and we are unhappily condemned to see reproduced in these materials the splendid railings and the rich balconies of old, the admiration of the world. — We may even consider ourselves happy so long as cast-iron and zinc shew us graceful and noble forms, instead of a sense less mass of complication, in truly hateful taste.

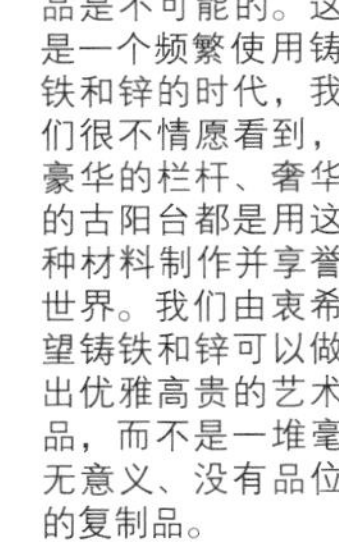

过去二十年中，人们又重新重视起了铸铁工艺，这得益于当时的考古研究成为一种潮流；以及源自一些杰出建筑师的影响力和美意，他们找不到能够进行设计或复制和制造古代铁制品的工匠，于是他们开始自己尝试，组建了工作室，在那里经过多次的努力，终于成功地像以前那样炼铁了。然而，期望能够看到大量与之前的杰作相媲美的作品是不可能的。这是一个频繁使用铸铁和锌的时代，我们很不情愿看到，豪华的栏杆、奢华的古阳台都是用这种材料制作并享誉世界。我们由衷希望铸铁和锌可以做出优雅高贵的艺术品，而不是一堆毫无意义、没有品位的复制品。

2337

10me Année. — N° 261 — 30 Octobre 1870.

L'ART POUR TOUS

ENCYCLOPÉDIE DE L'ART INDUSTRIEL ET DÉCORATIF

Paraissant les 15 et 30 de chaque mois.

PUBLIÉ SOUS LA DIRECTION DE M. C. SAUVAGEOT | FONDÉ PAR M. ÉMILE REIBER, ARCHITECTE

ABONNEMENT ANNUEL
France. . . . . 18 fr.
Étranger. . . . 20 fr.
L'Année parue. 25 fr.

Ve A. MOREL & Cie ÉDITEURS
13, rue Bonaparte
Paris.

XVIe SIÈCLE. — ÉCOLE FRANÇAISE.
(ÉPOQUE DE HENRI III.)

HORLOGE DU PALAIS DE JUSTICE DE PARIS.
(DÉTAILS DIVERS.)

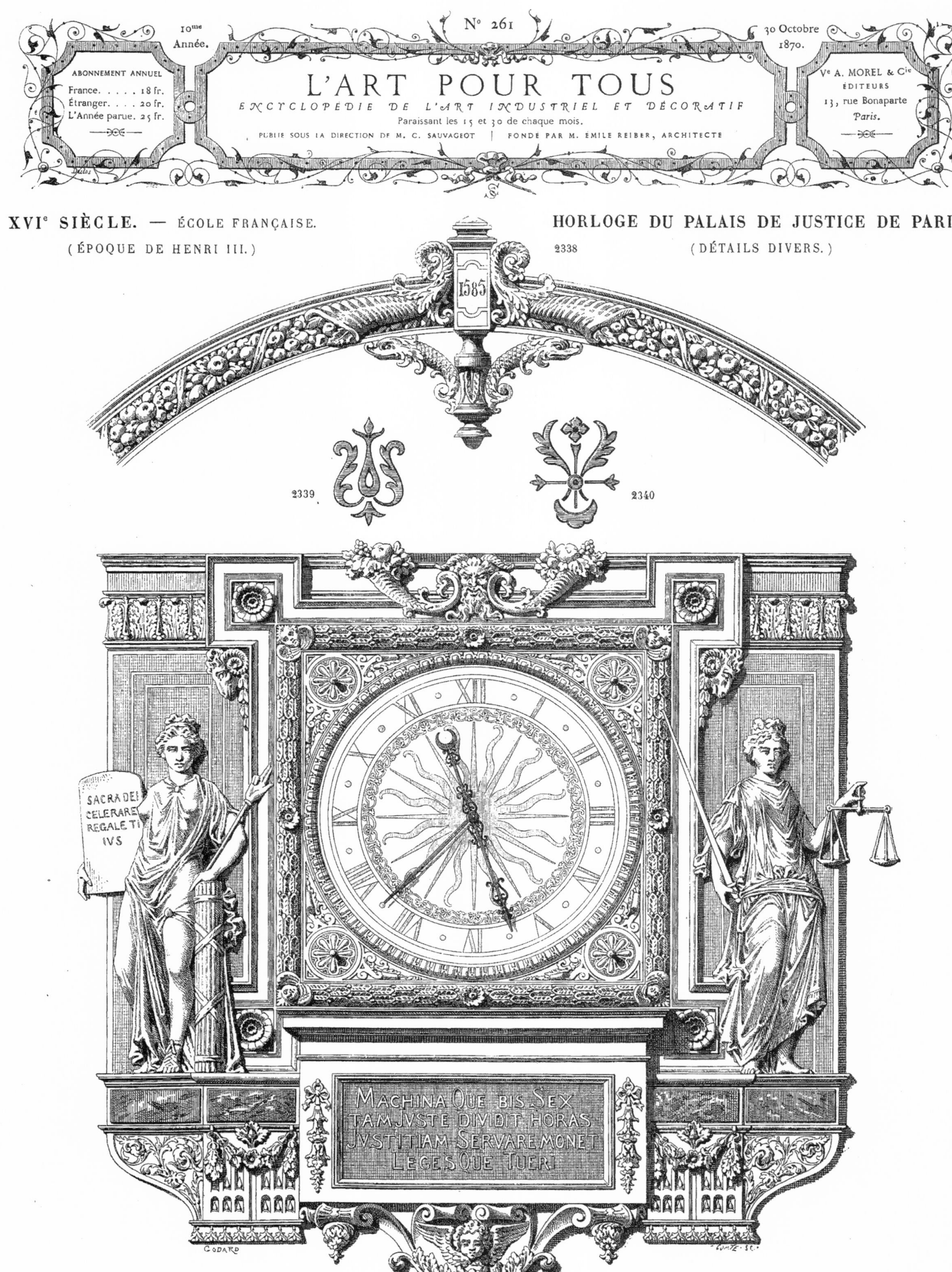

La fig. 2341 montre la partie centrale du monument, celle qui entoure le cadran à la base et aux côtés.—La fig. 2338 est la clef de l'auvent mi-circulaire destiné à abriter ce bel exemple de décoration sculptée et peinte. — Les fig. 2339 et 2340 montrent les ornements peints alternés du semis général formant le fond du motif. — (Voyez dans un précédent numéro du journal l'ensemble de cette horloge.)

图 2341 展示了这个作品的主要部分，包括中间的表盘和表盘下方及两侧的部分。图 2338 是半圆形顶的拱心石。它庇护着这个精美的雕刻和彩绘装饰的样品。图 2339 和图 2340 是在整个构图的背景上交替绘制的装饰品。（在前几页可以看到这个钟表的全视图）

Fig. 2341 shews the central part of the composition, surrounding the dial below and on its two sides. — Fig. 2338. Is the keystone of the semi circular roof which shelters this beautiful specimen of carved and painted decoration. — The figs. 2339 et 2340 shew the ornaments which are painted alternately on the back ground of the whole composition. — (See one of the preceeding numbers for the general view of this clock.)

XVIe SIÈCLE. — MODES ITALIENNES.
(ÉPOQUE DE HENRI III.)

ARTS SOMPTUAIRES. — COSTUMES,
D'APRÈS JACQUES BOISSARD.

2342 2343 2344 2345

Au xvie siècle, en Italie comme en France et comme dans l'Europe entière, chaque province, chaque ville pour ainsi dire, avait un costume qui lui était propre. Il n'en est plus guère de même aujourd'hui, et depuis Lille jusqu'à Marseille, depuis Strasbourg jusqu'à Bayonne, nous sommes déjà condamnés à voir à peu de chose près le même costume féminin (du costume masculin il n'y a pas à en parler).—Quelques provinces, en partie récalcitrantes, auront bientôt fait de suivre le mouvement.—Fig. 2342. Demoiselle de Bologne.—Fig. 2343. Nouvelle mariée romaine. — Fig. 2344. Dame siennoise.— Fig. 2345. Courtisane padouane.

在 16 世纪的意大利、法国，甚至是整个欧洲、每一个州、每一个城镇都有自己特定风格的服装。现在却不是这样了，从里尔到马赛、从斯特拉斯堡到巴约讷，我们可以看到，女人们的服装都长得差不多，男装就更没有什么可说的了。那些仍然保留着自己风格的城镇不久之后也会被同化。图 2342 是一位博洛尼亚的年轻女子。图 2343 是一位罗马新娘。图 2344 是一位塞纳的女士。图 2345 是一位帕多瓦艺伎。

In the 16th cent. in Italy, as well as in France, and throughout the whole of Europe, each province, each town almost, had its own peculiar costume. It is no longer so now-a-days; from Lille to Marseilles, from Strasbourg to Bayonne, we are already condemned to see women endressed almost exactly alike for there is nothing to be said about men's dress. Those few provinces which are still rebellious will soon fall in with the current. — Fig. 2342. Young lady of Bologna. — Fig. 2343. Roman bride. — Fig. 2344. Lady of Sienna. — Fig. 2345. Paduan courtesan.

XVIIe SIÈCLE. — CÉRAMIQUE FLAMANDE.

(COLLECTION DE M. LEROY-LADURIE.)

CRUCHON EN GRÈS DE FLANDRE.

GRANDEUR DE L'EXÉCUTION.

La fantaisie flamande n'est pas toujours empreinte d'un goût très-pur, et le cruchon que nous montrons aujourd'hui en témoigne visiblement; il frappe plus, en effet, par la bizarrerie, l'étrangeté de sa composition, que par la pureté des formes et la science des détails. — Toutefois la cruche flamande, avec les grotesques dont elle est décorée, avec les scènes bachiques de la panse, est une œuvre de verve et d'originalité, et c'est à ce titre que nous l'avons fait dessiner et graver. — Les vides laissés pour animer la décoration ont en revanche l'inconvénient de diminuer considérablement la capacité du vase. — Si l'esprit des buveurs flamands peut être excité par les scènes et les ornements en relief qu'il exhibe, leur gosier ne doit que déplorer le parti pris décoratif adopté par le céramiste. — Mais ce cruchon n'est guère qu'un cruchon de parade destiné à orner plutôt une étagère artistique que la table d'une brasserie. — Tout est donc pour le mieux.

2346

佛兰德制造的作品，风格都不够纯粹。比如我们面前的这个水壶，最突出的特征就是它古怪的构造，而不是纯粹的风格或完美的细节。尽管如此，这个装饰着奇形怪状的头部和喧闹场面的佛兰德水壶是一件充满活力和原创性的作品，我们描绘的并不是很完美。这个水壶最大的缺点，就是那些用来装饰的洞会大大减少水壶的容水量。如果佛兰德的酒鬼们对水壶的装饰感到惊喜，那他们的喉咙一定不太喜欢制陶工人所打造的这一系列装饰。但是这个水壶只不过是个艺术品，用来装饰艺术家的架子，而不是在酒馆用来装酒的。所以正如那句话说的：一切都是最好的。

Flemish invention is not always in the purest taste, as is clearly proved by the jug before us which is far more striking for the oddity et strangeness of its composition than for purity of form or correctness of detail. — Notwithstanding, this flemish jug, ornamented with grotesque heads and bacchic scenes is a work so full of vigour and originality, that we have had it drawn and engraved. — The spaces lest to throw up the decoration have the great drawback of diminishing considerably the capacity of the vessel. — If the feelings of the flemish tipplers were excited by the scenes and ornaments in relief which it presents their throats must often have regretted the system of decoration adopted at all costs by the potter. — But his jug is nothing more than a shew-jug, meant rather to adorn the shelves of a connoisseur than the table of a beer-hall. — So all is for the best.

ART CHINOIS ANCIEN.

(COLLECTION DE M. DUGLERÉ.)

STATUETTE EN BRONZE. — FLAMBEAU

AUX DEUX TIERS DE L'EXÉCUTION.

L'art industriel chinois, ancien ou moderne, nous a habitués aux plus grandes étrangetés, et il est rare que chacun des objets d'art que nos musées et nos collectionneurs possèdent maintenant en grand nombre ne puisse offrir quelque particularité intéressante. — Quelle peut être cette charmante statuette qui a attiré notre attention entre tous les bronzes du cabinet de M. Dugleré? Il nous paraît difficile de le dire. — Dans cette danseuse, au costume original et dont la tête et la coiffure sont des modèles de perfection, dont les bras s'agitent comme notre pierrot classique dans son blanc vêtement, nous croyons voir tout simplement un flambeau à deux branches. — Dans les ouvertures qui existent à l'extrémité des bras on peut fixer des bâtons de bois résineux que les mains invisibles sont censées tenir, et qui remplissaient chez les Chinois anciens l'office de nos bougies.

La statuette est fondue à cire perdue et ne laisse absolument rien à désirer. — C'est une œuvre précieuse, d'une merveilleuse réussite, mais qui par cela même doit être unique.

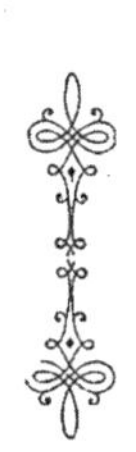

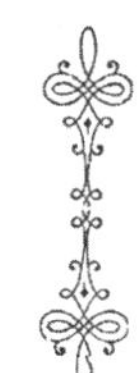

不管是古代还是现代的中国工业艺术，它的装饰都给我们一种奇怪的感觉，也找不到什么特别吸引人的地方，但是这种艺术品却常常出现在公共馆藏或私人收藏中。在 M.Duglere 的收藏品中，这个雕塑吸引了我们的注意，但是我们很难说出它到底有什么用。这个雕像是一个跳舞的人，穿着独创的服装，头部和头发都极为精致，胳膊的动作像是我们假面舞会中的传统丑角，我们认为这个雕像就是一个分叉的烛台。在这个中国古代的艺术品中，用来放蜡烛的树脂杆应该是插在了手臂末端的洞里，这样使它们像是被看不见的手托举着。

这个小雕像是直接从最初的蜡模铸造而成的，蜡模型只用了一次，没有留下任何我们想要的东西。

这是一件非常成功、非常真实的艺术品，就是因为这个原因它才独一无二。

2347

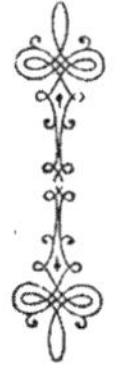

Chinese industrial art whether ancient or modern has made us familiar with the strangest arrangements and it is rare to find any specially interesting peculiarity in the specimens of this art which have now become so numerous in our public and private collections. — It would be difficult to say what could have been the use of this charming statuette which attracted our attention more than all the other bronzes in the collection of M. Dugleré. — We believe this dancing figure, with its original costume and its exquisitely perfect head and headdress, which flings its arms about like our traditional pierrot of our masqued balls, to be nothing more than a two branched candlestick. — The sticks of resinous wood which took the place of our candle among the ancient Chinese were probably stuck into the holes at the ends of the arms, so that they seemed to be held by the hands which remained unseen.

This statuette was cast direct from the original wax model which thus served only once leaves absolutely nothing to be desired.

It is a most successful and wonderfully truthful work, but for that very reason was probably unique.

10me Année.
N° 262
15 Juillet 1871.
ABONNEMENT ANNUEL
France. . . . . 18 fr.
Étranger. . . . 20 fr.
L'Année parue. 25 fr.
L'ART POUR TOUS
ENCYCLOPÉDIE DE L'ART INDUSTRIEL ET DÉCORATIF
Paraissant les 15 et 30 de chaque mois.
PUBLIÉ SOUS LA DIRECTION DE M. C. SAUVAGEOT | FONDÉ PAR M. ÉMILE REIBER, ARCHITECTE
Vve A. MOREL & Cie
ÉDITEURS
13, rue Bonaparte
Paris.

ART JAPONAIS. — ORFÉVRERIE.

BRULE-PARFUM EN BRONZE.

(A M. L'AMIRAL COUUPVENT DES BOIS.)

E. Łomaszkiewicz aqua. sc.

2348

Cet objet d'orfévrerie, où l'on remarque comme décoration l'emploi unique du bambou, est présenté de la grandeur même de l'exécution. — Il est entièrement en bronze. — Le pied ou support seul est en bois de fer.

这件金属制成的艺术品使用了竹子作为装饰，显得非常精美。它全身由青铜铸造，只有底座使用了硬木。图纸与原作大小相同。

Dieser Goldschmidartikel, zu welchem man als Dekoration nur den Bambus angewandt hat, ist hier in seiner ausgeführten Größe dargestellt. — Derselbe ist gänzlich von Erz verfertigt. — Der Fuß oder die Stütze allein sind von Eisenholz.

XVIIIe SIÈCLE. — ÉCOLE FRANÇAISE.
(ÉPOQUE DE LA RÉGENCE.)

DÉCORATION INTÉRIEURE. — HOTEL DE SOUBISE.
CHAMBRE DE PARADE DE LA PRINCESSE DE ROHAN.

《艺术大全》中已经介绍了巴黎苏比斯旅馆的一些雕刻和绘画装饰。在这里，我们展示罗汉（Rohan）公主卧室的一整面。在中间位置，一个巨大的穿衣镜被放置在一个小壁炉架的上方，由于当时是摄政时期，大壁炉架已经不再流行了。嵌板的装饰突出了那个时代的风格，装饰物合理地分布在上面，我们还远没有路易十五这样的奢华品位。一个凹弧饰或是一个小凹圆线脚，华丽地装饰着天花板上的起拱点，形成了一个扁平的圆顶。在右边可以看到罗昂公主的床。我们都知道苏比斯旅馆现在被改造成了巴黎档案馆，未受到公社纵火犯的破坏。这个建筑是建筑师勒梅尔（Lemaire）的大作，在这里矗立了很长时间，他于1706年设计了大庭院里的柱廊。而客厅的主要设计出自博佛然（Boffrand）和布歇（Boucher）之手。（参见前面《艺术大全》）

2349

L'Art pour Tous a déjà montré à plusieurs reprises des fragments de décoration, sculptée ou peinte, provenant de l'hôtel de Soubise à Paris. — Aujourd'hui nous montrons la décoration entière d'un appartement, la chambre même de la princesse de Rohan. — Une glace immense en occupe le milieu, au-dessus d'une cheminée de petite dimension (sous la Régence les grandes cheminées ne sont plus de mode). — Les lambris sont décorés dans le goût du temps, mais l'ornementation est savamment distribuée dans les moulures et nous sommes loin encore des fantaisies un peu déréglées du règne de Louis XV. — Une forte moulure ou gorge richement ornée règne à la base du plafond qui est disposé en forme de coupole très-surbaissée. — A droite, on voit encore le lit de la princesse de Rohan. — Chacun sait que le magnifique hôtel de Soubise, contenant aujourd'hui les archives de Paris, a été épargné par les incendiaires de la Commune. — L'édifice, élevé à diverses époques, est en grande partie l'œuvre de l'architecte Lemaire, qui, en 1706, dessina la colonnade de la cour d'honneur. — Le salon principal est dû à la collaboration de Boffrand et de Boucher. (Voyez les précédentes années de "l'Art pour Tous.")

Several examples both of the carved and painted decoration of the hotel Soubise at Paris have already been given in "L'Art pour tous." In the present number is shewn the entire side of one room, the bedroom of the princess de Rohan. —An immense pier-glass is placed in the middle above a small chimney-piece, for under the Regence large chimney-pieces were no longer in fashion.—The panels are decorated in the style of the period, but the ornament is well distributed within the mouldings and we are as yet far from the extravagant taste of the reign of Louis XV. A cavetto, or small cove, richly ornamented runs round the springing of the ceiling, which forms a very flat dome.— On the right hand still is seen the bed of the princess de Rohan. — We all know that the splendid hotel de Soubise, now used as the Paris Record office, was spared by the incendiaries of the Commune. — The building, erected at different times, is in great part the work of the architect Lemaire, who, in 1706, designed the colonnade of the grand court yard. — The principal drawing-room was the work of Boffrand and Boucher. (*See the former Nos of* "L'Art pour Tous.")

XVIe SIÈCLE. — FERRONNERIE FRANÇAISE.

(ÉPOQUE DE FRANÇOIS Ier.)

LANDIERS, PELLE ET PINCETTES EN FER FORGÉ

DE LA COLLECTION DE M. DUMBIOS.

2350

Ces ustensiles, de dimensions colossales, faisaient assurément partie de l'ameublement d'un ancien château de la Renaissance. — Le travail en est fort remarquable au point de vue de l'exécution. — Nous montrerons des détails à une plus grande échelle.

These fire-irons, of colossal size, doubtless formed part of the furniture of some old Renaissance chateau. — The workmanship is remarkably skilful. — Details to a larger scale will be given.

这些生火工具，尺寸巨大，无疑是文艺复兴时期古代城堡的家具的一部分。工艺极为精致。我们以后将会给出更多的细节。

XVIe SIÈCLE. — TYPOGRAPHIE FRANÇAISE.
(ÉPOQUE DE FRANÇOIS Ier.)

VIGNETTES, CADRES, CARTOUCHES,
D'APRÈS GUILLAUME LA PERRIÈRE.

2351

2352

2353

2354

Extrait du *Théâtre des bons Engins,* publié à Paris en 1539 avec cette dédicace : *Epistre à très haulte et très illustre princesse, Madame Marguerite de France, Royne de Nauarre, sœur unique du très chrestien Roy de France : Guillaume de la Perrière, son très humble serviteur.*

Taken from the "Mirror of Fair Fancies" by W. de la Perrière, dedicated to Margaret of Navarre, sister of Francis I. Paris, 1539.

(See the French title.)

选自佩里艾尔（W. de la Perriere），于 1539 巴黎献给纳瓦拉的玛格丽特（Margaret）的《美丽花饰之镜》。玛格丽特是弗朗索瓦一世的姐姐。

10e Année.
N° 263
1er Août 1871.
ABONNEMENT ANNUEL
France. . . . . 18 fr.
Étranger. . . . 20 fr.
L'Année parue. 25 fr.
L'ART POUR TOUS
ENCYCLOPÉDIE DE L'ART INDUSTRIEL ET DÉCORATIF
Paraissant les 15 et 30 de chaque mois.
PUBLIÉ SOUS LA DIRECTION DE M. C. SAUVAGEOT | FONDÉ PAR M. ÉMILE REIBER, ARCHITECTE
Ve A. MOREL & Cie
ÉDITEURS
13, rue Bonaparte
Paris.

XIVe SIÈCLE. — ORFÉVRERIE ALLEMANDE. **RELIQUAIRE EN ARGENT REPOUSSÉ.**

(A Mme LA COMTESSE DIALYNSKA.)

2356 2355 2357

La fig. 2356 montre, à la face postérieure, le compartiment ouvert destiné à contenir la relique. — **La fig.** 2357 montre la porte circulaire de ce compartiment offrant pour toute décoration cinq croix grecques de dimensions différentes.

图 2356 展示的是打开的盒子，里面用来放置圣物。图 2357 展示了这个小格子的圆形盖子，小格子的唯一装饰就是五个尺寸不同的希腊十字架。

The fig. 2356 shews, open, the compartment at the back intended to contain the relic. — The fig. 2357 shews the circular lid of this compartment, whose only decoration consists in five greek crosses of different dimensions.

ANTIQUITÉ. — FONDERIES GRÉCO-ROMAINES.

(A MOITIÉ ET AU TIERS DE L'EXÉCUTION.)

BRONZES. — CANDÉLABRES.

(MUSÉE DU LOUVRE, A PARIS)

2358 *bis*. 2358 *ter*.

2359 2358 2360

Les fig. 2358 *bis* et 2358 *ter* montrent de face et de profil la tête des panthères du candélabre central (grandeur de l'original).

图 2358 bis 和图 2358 ter 展示了豹头的正面和侧面。豹子是中间烛台上的装饰物。

The figs. 2358 *bis* and 2358 *ter* give front and side views of the panther's heads on the central candelabrum.

e SIÈCLE. — ARCHITECTURE ET SCULPTURE FRANÇAISES.

(ÉPOQUE DE LOUIS XII.)

BALUSTRADE EN PIERRE DE LIAIS

PROVENANT DE L'ANCIEN HOTEL DE LA TRÉMOUILLE.

2361

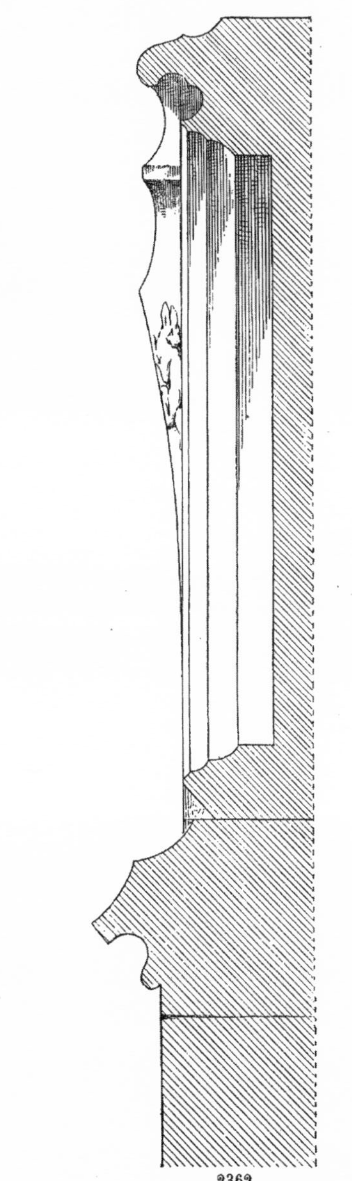

2362

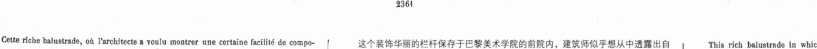

Cette riche balustrade, où l'architecte a voulu montrer une certaine facilité de composition, est conservée dans la cour d'entrée de l'École des Beaux-Arts, à Paris. Elle provient de l'ancien hôtel de La Trémouille élevé jadis rue des Bourdonnais, et démoli pendant les premières années du règne de Louis-Philippe. — Notre gravure est exécutée à l'échelle de 0,15c pour mètre. (Voy. dans *l'Architecture civile et domestique* de MM. Cattois et Verdier l'ensemble même de ce remarquable édifice.)

这个装饰华丽的栏杆保存于巴黎美术学院的前院内，建筑师似乎想从中透露出自己的设计功底。它之前是特雷穆伊尔旅馆的一部分，该旅馆位于布尔东纳大街，早年间在路易菲利普统治时期遭到了破坏。栏杆雕刻的规模是 1:15。请参阅 MM.Cattois 和 Verdier 的《民用和国内建筑》，可以更详细的看到这个非凡的建筑。

This rich balustrade in which the architect seems to have wished to give proof of his readiness at design is preserved in the entrance-court of the "École des Beaux-Arts" at Paris. It formed part of the old Hotel de La Trémouille which formerly stood in the rue des Bourdonnais and was destroyed during the early years of the reign of Louis-Philippe.— The engraving is to the scale of 0,15c per metre. (*See in* "L'Architecture civile et domestique" *by MM. Cattois and Verdier further drawings of this remarkable building.*)

XVIe SIÈCLE. — TYPOGRAPHIE FRANÇAISE, (ÉPOQUE DE FRANÇOIS Ier.)

VIGNETTES, CADRES, CARTOUCHES, D'APRÈS GUILLAUME LA PERRIÈRE.

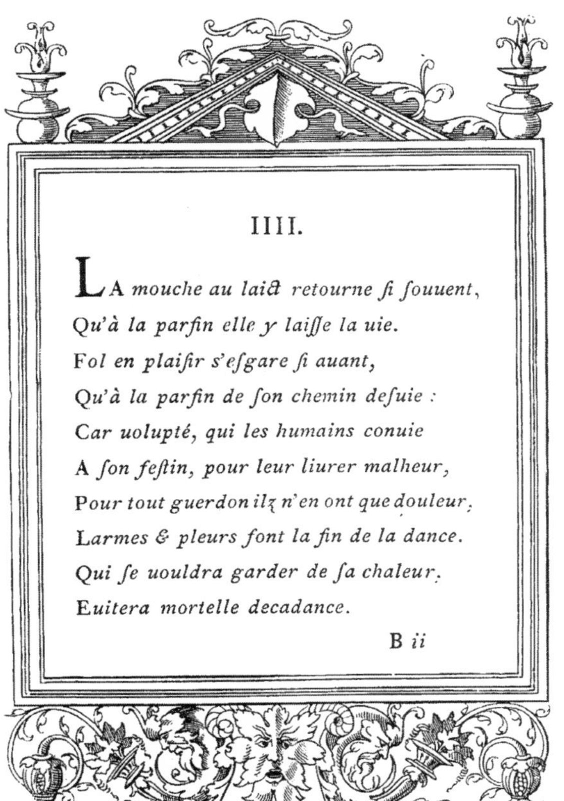

IIII.

LA mouche au laict retourne ſi ſouuent,
Qu'à la parfin elle y laiſſe la uie.
Fol en plaiſir s'eſgare ſi auant,
Qu'à la parfin de ſon chemin deſuie :
Car uolupté, qui les humains conuie
A ſon feſtin, pour leur liurer malheur,
Pour tout guerdon ilz n'en ont que douleur,
Larmes & pleurs ſont la fin de la dance.
Qui ſe uouldra garder de ſa chaleur,
Euitera mortelle decadance.

B ii

2363

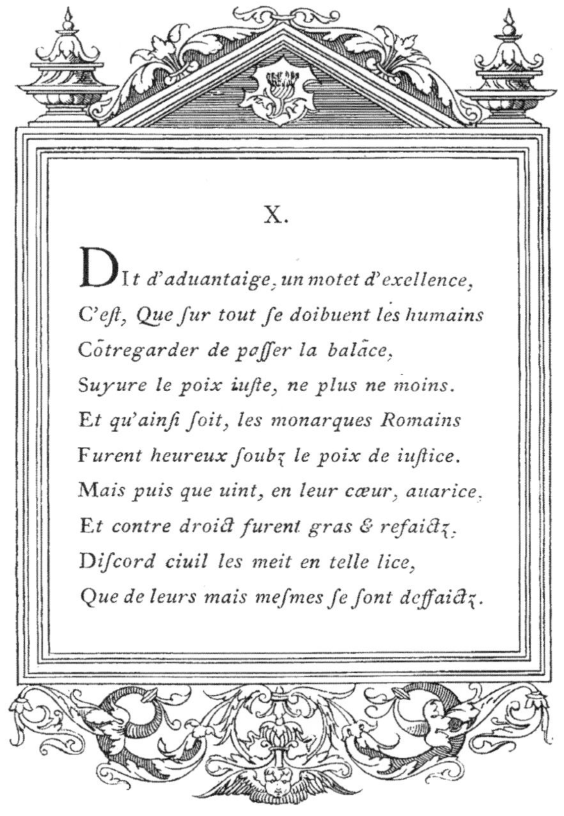

X.

DIt d'aduantaige, un motet d'excellence,
C'eſt, Que ſur tout ſe doibuent les humains
Cõtregarder de paſſer la balãce,
Suyure le poix iuſte, ne plus ne moins.
Et qu'ainſi ſoit, les monarques Romains
Furent heureux ſoubz le poix de iuſtice.
Mais puis que uint, en leur cœur, auarice,
Et contre droict furent gras & refaictz,
Diſcord ciuil les meit en telle lice,
Que de leurs mais meſmes ſe ſont deffaictz.

2364

V.

QVi prend le bond, & laiſſe la uolée :
Ne fut iamais tenu pour un bon ioueur.
Qui prend le mont & laiſſe la uallée :
Ne fut iamais tenu pour bon coureur.
C'eſt grand abuz de laiſſer ſon bon heur,
Pour un eſpoir de promeſſe incertaine :
Car meſpriſer une choſe certaine,
N'eſt pas le faict d'un ſaige entendement.
Folle entrepriſe, & gloire trop haultaine,
Font tomber l'homme en maint encõbrement.

B iij

2365

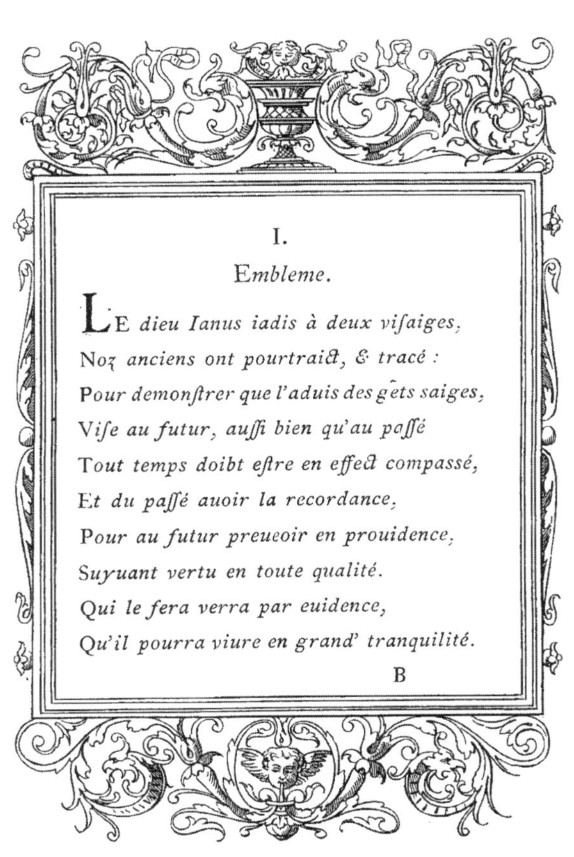

I.
Embleme.

LE dieu Ianus iadis à deux viſaiges,
Noz anciens ont pourtraict, & tracé :
Pour demonſtrer que l'aduis des gẽts saiges,
Viſe au futur, auſſi bien qu'au paſſé
Tout temps doibt eſtre en effect compassé,
Et du paſſé auoir la recordance,
Pour au futur preueoir en prouidence,
Suyuant vertu en toute qualité.
Qui le fera verra par euidence,
Qu'il pourra viure en grand' tranquilité.

B

2366

Extrait du *Théâtre des bons Engins, imprimé à Paris par Denys Ianot, imprimeur et libraire, demourant* en la rue neufue Nostre Dame, à l'enseigne Sainct Iean Baptiste, près Saincte Geneuiefue des Ardents. — 1539.—

选自《美丽花饰之镜》，1539年，在施洗者圣约翰（Saint John）的支持下，丹尼斯（Denis）在巴黎的新圣母院路出版了这本书。

Taken from the " Mirror of Fair Fancies", printed in Paris by Denis Janot in the rue Neuve-Notre-Dame at the sign of St John the Baptist. — 1539. —

(See the French title.)

10me Année.
N° 264
15 Juin 1871.
ABONNEMENT ANNUEL
France. . . . . 18 fr.
Étranger. . . . 20 fr.
L'Année parue. 25 fr.
L'ART POUR TOUS
ENCYCLOPÉDIE DE L'ART INDUSTRIEL ET DÉCORATIF
Paraissant les 15 et 30 de chaque mois.
PUBLIÉ SOUS LA DIRECTION DE M. C. SAUVAGEOT | FONDÉ PAR M. ÉMILE REIBER, ARCHITECTE
Ve A. MOREL & Cie
ÉDITEURS
13, rue Bonaparte
Paris.

ART JAPONAIS ANCIEN. — ORFÉVRERIE. VASE EN BRONZE DAMASQUINÉ D'ARGENT.

(A M. LAURENS.)

2367

La hauteur totale de ce vase remarquable est de 47 centimètres. Les ornements damasquinés devraient être obtenus en clair. Mais on comprend que notre procédé de gravure n'aurait rendu que bien imparfaitement l'effet réel d'ornements lumineux, d'une grande ténuité sur un bronze très-reflété.

这个精美的器皿高度为 47 厘米。这个波纹装饰是带有光泽的。我们期望在版画上呈现出精美闪亮的饰品在高度抛光青铜上的真正效果，但是呈现的效果不算完美。

The total height of this remarkable vase is 47 centimeters (1 foot 6 1/4). The damascened ornaments ought to shew up light. But of necessity our engraving very imperfectly renders the real effect of very fine shining ornaments on a highly polished bronze.

XVe SIÈCLE. — ÉCOLE FRANÇAISE.

DÉCORATION MONUMENTALE.

BALUSTRADES EN PIERRE SCULPTÉE

AU DIXIÈME DE L'EXÉCUTION.

2368

Au xve siècle, les décorations architecturales sont variées à l'infini. — L'art ogival touche en effet à sa décadence et montre un désir incessant de formes neuves, d'ornementations nouvelles. — On sent venir la fatigue et la satiété, et poindre aussi la renaissance, dont les principes de construction et de décoration sont tout autres. — Les trois balustrades que nous montrons aujourd'hui datent tout à fait de la fin du xve siècle : elles proviennent de la façade méridionale de la cathédrale de Senlis, édifice des plus remarquables et qui appartient à plusieurs époques, mais principalement aux belles années du xiiie siècle, période qui, chacun le sait, a pu voir le triomphe de l'architecture ogivale française.

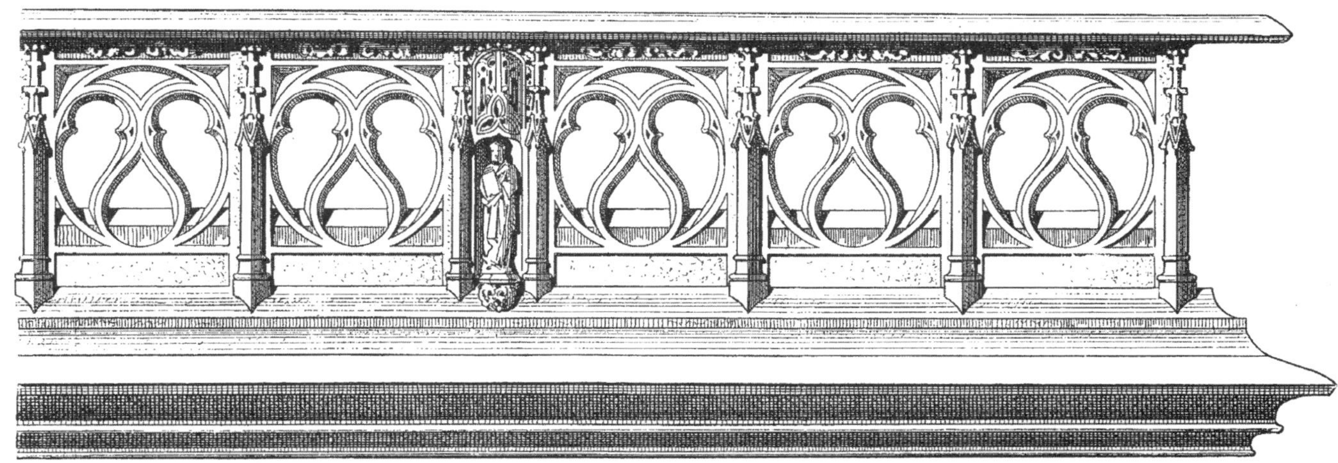

2369

在 15 世纪，建筑装饰的种类有很多。尖拱式建筑逐渐衰落，人们渴望新的建筑形式和装饰。疲惫和厌倦感从各地涌现出来，人们看到了文艺复兴的曙光，因为它带来了全新的建筑和装饰原则。这里呈现的三个栏杆，可以追溯到 15 世纪末。它们来自塞力斯大教堂的南侧。塞力斯大教堂是一座非常宏伟的建筑，它跨越了许多不同的时期，但主要是 13 世纪，这个时期见证了法国尖拱式建筑的辉煌成就。

2370

In the xvth. century, architectural decorations were infinite in their variety. Pointed architecture was falling into decadence and manifesting a constant longing for new forms and fresh ornamentation. Weariness and satiety were coming over the world, and one sees the Renaissance dawning in the distance, bringing with it utterly different principles of construction and decoration. The three balustrades which we give to-day date from the very end of the xvth. century. They come from the south front of the cathedral of Senlis, a most remarkable building, belonging to several periods, but chiefly to the best years of the xiiith. century, period which, as we all know, saw the final triumph of French pointed architecture.

XVIe SIÈCLE. — FERRONNERIE FRANÇAISE. LANDIERS EN FER FORGÉ. -- DÉTAILS.

(ÉPOQUE DE FRANÇOIS Ier.) AU DIXIÈME DE L'EXÉCUTION.

(A M. DUMBIOS.)

2371 2372

L'ensemble de ces landiers est présenté dans un des précédents numéros du journal. A l'examen des détails on jugera de la perfection de main-d'œuvre que nous avons déjà signalée. L'un de ces landiers porte gravée la date de 1541.

本书之前展示过这个铁制柴架的全视图。仔细看这个艺术品，我们可以轻易看到它的工艺有多么精美，这一点我们之前也提到过。其中一个刻着日期：1541 年。

A general view of these andirons was given in one of the preceding numbers of the journal. On examining the details the perfect workmanship of which we have already spoken will be easily seen. One of these andirons bears engraved on it the date of 1541.

XIIIe ET XIXe SIÈCLES. — ÉCOLES FRANÇAISE ET ITALIENNE.

(MUSÉE DU LOUVRE. — COLLECTION SAUVAGEOT.)

OBJETS DU CULTE. — PICCIDES

EN CUIVRE ÉMAILLÉ.

2373 2374 2375

Dans la fig. 2373, dont les angles rampants du couvercle sont ornés de lézards, les émaux sont champlevés et à fond bleu. — Les tiges verticales, formant cadre de la boîte et pieds, sont en cuivre ornés de gravures au burin. — La fig. 2374, de forme circulaire, se termine par un fleuron; les ornements sont champlevés et les émaux fond bleu. — Dans la fig. 2375, dont la moulure principale est ornée de créneaux, on remarque seulement des ornements d'un goût douteux, gravés au burin.

图2373，盖子有斜角，上面以蜥蜴作为装饰，这个瓷釉镶嵌了珐琅，底色为蓝色。边部直立的部分和盒子底部为刻有印花的铜。

图2374，形状为圆形，顶部以花装饰，镶嵌了珐琅，瓷釉的底色为蓝色。

图2375，它的顶部成雉堞状，还有一些匪夷所思的装饰物。

In the fig. 2373 which has the sloping angles of its lid ornamented with lizards, the enamels are champ-levé, with a blue ground. The uprights which form the sides and feet of the box are of engraved copper.

The fig. 2374, circular on plan, ends in a final, the ornaments are champ-levé, and the enamels on a blue ground. — On fig. 2375 which has its top moulding crenelated there are only some engraved ornaments of doubtful taste.

N° 265
10me Année.
30 Juin 1871.
ABONNEMENT ANNUEL
France. . . . . 18 fr.
Étranger. . . . 20 fr.
L'Année parue. 25 fr.
L'ART POUR TOUS
ENCYCLOPÉDIE DE L'ART INDUSTRIEL ET DÉCORATIF
Paraissant les 15 et 30 de chaque mois.
PUBLIÉ SOUS LA DIRECTION DE M. C. SAUVAGEOT | FONDÉ PAR M. ÉMILE REIBER, ARCHITECTE
Ve A. MOREL & Cie
ÉDITEURS
13, rue Bonaparte
Paris.

XVIe SIÈCLE. — ARMURERIE FRANÇAISE. **POIRE A POUDRE.**

(A M. LEROY-LADURIE.)

2376

Les ornements de cette belle poire à poudre sont en cuivre ciselé, appliqués sur velours cramoisi. — On peut sans hésiter faire remonter cet objet aux belles années de François Ier. — Notre gravure est faite de la grandeur même de l'exécution.

这个精美的火药筒用深红色的丝绒以及雕花铜进行装饰。大家会毫不犹豫地把它的制作时间归到弗朗索瓦一世统治时期的美好岁月。版画尺寸与原物相同。

The ornaments of this fine powder-flask are of chased copper laid on crimson velvet. — One may assign it without hesitation to the best years of the reign of Francis I. The engraving is real size.

XVIe SIÈCLE. — ÉBÉNISTERIE FRANÇAISE.

(ÉPOQUE DE LOUIS XIII.)

MEUBLES A DEUX CORPS

OU CABINET EN BOIS DE NOYER.

2377

La plupart des meubles à deux corps de cette époque sont terminés par un fronton plein et interrompu. — Le peu de développement de la corniche supérieure semble ici réclamer l'addition d'un fronton, omis sans doute en raison des proportions déjà considérables du meuble.

大多数这个时期的双扇橱柜都是用普通的三角断顶饰装饰的。这个橱柜的檐口似乎需要一个三角顶饰，这无疑是不可行的，因为整个橱柜已经非常大了。

The greater number of the cabinets in two pieces of this period are finished with a plain broken pediment. The small projection of the cornice in this one seems to call for a pediment, which was doubtless left out because the cabinet was already rather large.

XVIIIe SIÈCLE. — FERRONNERIE FRANÇAISE. BALCONS EN TOLE ET FER FORGÉ.

2378

2379

2380

Ces trois exemples de balcon montrent, dans la décoration, le mélange de la tôle et du fer forgé si fréquemment employé pendant tout le XVIIIe siècle. — On retrouve dans certaines villes de province des exemples bien conservés de ferronneries analogues.

这三件阳台栏杆展示了一种薄钢片和熟铁混合的装饰材料，这种材料在 18 世纪经常为人们所使用。在一些村镇还保存着类似的铁制品。

These three specimens of balcony sailings shew, in their decoration, that mixture of thin sheet and wrought iron, which was so frequently made use of during the whole of the XVIIIth. century. In some country towns one finds well preserved specimens of similar iron work.

ANTIQUITÉ. — FABRIQUE GRÉCO-ROMAINE.

(A LA BIBLIOTHÈQUE NATIONALE A PARIS.)

INSTRUMENT DE MUSIQUE EN BRONZE.

(AUX 4/5e DE L'ORIGINAL.)

This curious musical instrument, apparently used in the worship of Mercury, appears in the catalogue of the National Library under the no 2291. It came from the ancient and celebrated collection of the antiquary Durand, who, rightly or wrongly, considered it as a most precious votive offering. But if we examine it attentively, we find nothing which would really support this opinion; we are rather inclined to look upon it as an instrument, possibly uncommon, but fitting to a sort of handle, and meant to be shaken during the bacchanalian processions. One still sees in Spain and the Basque provinces instruments of catholic worship, processional crosses, ornamented with little bells, which in another way, are as it were a tradition or reminiscence of the heathen object which we now publish. The bust of Mercury crowned with the winged cap forms the centre, and is the most important part of the instrument. It is placed between two cornucopiæ. From that on the right hand comes a bust of Minerva, from that on the left one of Juno. On Mercury's breast is a fourth bust of Jupiter, father of the Gods.

The bust of Mercury, which is larger than the others, rises from a bunch of acanthus leaves which mark out the form of the breast, and from which hang seven little chains carrying as many bells. The whole instrument including the bells measures 34 centimeters in height (1 foot 1/4). The patina of the bronze is of a warm rich colour and the casting is perfect. — Altogether this object seems to us to possess a double interest. It is precious for its rarity and remarkable for its artistic perfection and workmanship.

2381

这个奇怪的乐器显然是用来敬拜墨丘利神（Mercury）的。它属于国家图书馆（编号2291）。这个乐器来自古文物研究者迪朗（Durand）的收藏，他的收藏古味十足，名望很高。迪朗认为，这个乐器是一个非常珍贵的还愿祭品，这个看法正确与否我们就不得而知了。但是我们非常仔细地观察这个乐器，却找不到任何证据证明他说的是对的。我们倾向于把它看成一种不太常见的乐器，安装在一个把手上，在酒神节游行中用来摇晃。在西班牙和巴斯克地区可以看到天主教做礼拜和游行用的乐器，由于乐器上装饰了小铃铛，它们有点像传统的异教徒乐器，或者是让我们联想到异教徒，正如我们在这里展示的这个乐器。这个乐器最重要的部分就是中间戴着翼帽的墨丘利半身像。半身像的两边是装满花果及谷穗表丰饶的羊角状物。羊角状物的右边是密涅瓦女神（Minerva）的半身像，左边是朱诺（Juno）。墨丘利胸部位置是众神之父朱庇特（Jupiter）的半身像。

墨丘利的半身像比其他几个都大，下部的叶形装饰勾勒出了胸部轮廓，胸部下面有七条链子，挂着七个铃铛。包括铃铛在内，整个乐器高度为34厘米。铜的光泽温暖丰富，铸造效果完美。在我们看来，这件乐器有两个优点，其一是它非常稀少，所以非常珍贵；其二是它艺术造诣很高，工艺精湛。

Ce curieux instrument de musique, selon toute apparence à l'usage du culte de Mercure, est catalogué à la Bibliothèque nationale sous le No 2291 : il provient de l'ancienne et célèbre collection Durand, et cet antiquaire le considérait, à tort ou à raison, comme un ex-voto des plus précieux.

Si l'on examine attentivement l'objet en question, on n'y remarque rien qui vienne motiver sérieusement cette opinion. Nous préférons, pour notre compte, y voir un instrument peu commun si l'on veut, mais s'adaptant à une sorte de hampe, et destiné à être agité pendant les processions qui avaient lieu à l'époque des bacchanales. — On voit encore aujourd'hui en Espagne et dans les pays basques, des instruments du culte catholique, des croix processionnelles ornées de clochettes et de grelots, qui sont, dans un autre ordre d'idées, comme un souvenir, une réminiscence de l'objet païen que nous publions.

Le buste de Mercure coiffé du pétase ailé est le centre et la partie importante de l'instrument : il est disposé entre deux cornes d'abondance dont sortent à droite un buste de Minerve, et à gauche celui de Junon. Sur la poitrine de Mercure, on voit un quatrième buste, celui de Jupiter, père des dieux.

Le buste de Mercure, de dimensions plus grandes que les autres, sort d'un culot de feuillage d'acanthe qui dessine les contours de la poitrine et d'où partent sept chainettes soutenant autant de clochettes. L'instrument entier, en y comprenant les clochettes, mesure 34 centimètres de hauteur. La patine du bronze est d'un ton chaud et coloré, et la fonte est parfaitement réussie.

En résumé cet objet nous semble offrir un double intérêt : il est précieux par sa rareté et remarquable par sa perfection artistique, par la main-d'œuvre.

10me Année. N° 266 15 Juillet 1871.

ABONNEMENT ANNUEL
France. . . . . 18 fr.
Étranger. . . . 20 fr.
L'Année parue. 25 fr.

L'ART POUR TOUS

ENCYCLOPÉDIE DE L'ART INDUSTRIEL ET DÉCORATIF
Paraissant les 15 et 30 de chaque mois.
PUBLIÉ SOUS LA DIRECTION DE M. C. SAUVAGEOT | FONDÉ PAR M. ÉMILE REIBER, ARCHITECTE

Ve A. MOREL & Cie
ÉDITEURS
13, rue Bonaparte
Paris.

XVIe SIÈCLE. — ÉCOLE ITALIENNE. COSTUMES. — PORTRAIT D'ÉLÉONORE DE TOLÈDE.

2382

Nous voyons ici un costume florentin du XVIe siècle dans toute sa somptuosité. — Nulle partie du vêtement n'est exempte d'une ornementation dont l'éclat est cherché et voulu.

Éléonore de Tolède, vice-reine de Naples, était femme de Cosme de Médicis et fille de P. de Villafranca.

这是一件 16 世纪的佛罗伦萨服装，它显得非常华丽。整件服装都是精心制作的装饰品，尽其所能使之光彩夺目。

托莱多的艾伦诺（Eleonor）是那不勒斯的总督夫人，科兹摩德美第奇（Cosmo de Medici）之妻，P.de 维拉弗兰卡（P. de Villafranca）之女。

We have here a florentine costume of the XVIth century in all its splendour. The whole dress is covered with ornament intentionally made as dazzling as possible.

Eleonor of Toledo, vice-queen of Naples, was the wife of Cosmo de Medici and daughter of P. de Villafranca.

ART JAPONAIS MODERNE. IMAGERIE. — XYLOGRAPHIE.

2383

2384

Ces deux sujets sont extraits d'un de ces albums de gravures si répandus au Japon et qui sont pour le public autant de manuels de dessin. — Au Japon, on dessine comme chez nous on écrit, et les arts décoratifs se ressentent de cette merveilleuse facilité.

这两个作品选自一本日本非常流行的版画集，在日本，这本版画集用作绘画手册。日本的绘画作品和我们的写作一样普遍，他们的装饰艺术极为灵巧。

These two subjects are taken from one of those albums of engravings so common in Japan, and which are used there as handbooks of drawing. With the Japanese drawing is as common as writing with us and the decorative arts feel the influence of their wonderful facility.

XVIIe SIÈCLE. — ÉCOLE FRANÇAISE.
(ÉPOQUE DE LOUIS XIV.)

SCULPTURE. — FRAGMENT D'UN VASE
DES JARDINS DE VERSAILLES.

2385

C'est l'anse de ce beau vase et la façon dont elle s'adapte que nous avons voulu montrer avant tout.

我们非常想给大家展示一下这个精美花瓶的手把和它的布局方式。

We were especially anxious to shew the handle of this beautiful vase and the way in which it is arranged.

ART CHINOIS ANCIEN. — ORFÉVRERIE.

(A M. L'AMIRAL COUPVENT DES BOIS.)

BRULE-PARFUMS

EN CUIVRE DORÉ ET ÉMAILLÉ.

2386

2387

Cette pièce d'orfévrerie est, à notre avis, non-seulement des plus intéressantes, mais encore des plus précieuses au point de vue de l'art et de la fabrication. — Nous n'hésitons pas à la montrer sous une autre face dans une page suivante, afin que chacun puisse se rendre compte des qualités qui nous ont frappé en la dessinant.

这件金器对我们来说不止非常珍贵，而且它是一件非常有趣的艺术品和工艺品。

在绘画这件金器的过程中，有一些细节令我们惊叹不已，所以我们毫不犹豫地决定在后面几页给大家展示这件金器的另一面，希望大家也可以好好欣赏这些细节。

This specimen of goldsmith's work is to our thinking not only most precious, but also most interesting as a piece of art and workmanship.

We have not hesitated to give another view of it on the following page, so that all may be able to appreciate the points which struck us in drawing it.

10me Année.
N° 267
30 Juillet 1871.
ABONNEMENT ANNUEL
France. . . . . 18 fr.
Étranger. . . . 20 fr.
L'Année parue. 25 fr.
L'ART POUR TOUS
ENCYCLOPÉDIE DE L'ART INDUSTRIEL ET DÉCORATIF
Paraissant les 15 et 30 de chaque mois.
PUBLIÉ SOUS LA DIRECTION DE M. C. SAUVAGEOT | FONDÉ PAR M. EMILE REIBER, ARCHITECTE
Ve A. MOREL & Cie
ÉDITEURS
13, rue Bonaparte
Paris.

ART INDUSTRIEL CHINOIS. — ORFÉVRERIE.

ANTIQUITÉ.

VASE EN BRONZE AVEC PIED.

(COLLECTION DE M. DESOYE.)

Notre dessin montre ce vase à un peu plus des deux tiers d'exécution. Il mesure en tout 36 centimètres de hauteur. — Nous regrettons même de n'avoir pu le montrer à sa grandeur naturelle, car les ornements caractéristiques qui décorent la partie supérieure de la panse, et le long col du vase, eussent gagné à être dessinés à une plus grande échelle. — Le pied nous semble charmant dans sa simplicité. — Les formes en sont arrondies volontairement pour ne gêner en rien le toucher. — Dans le col nous remarquons, au contraire, des ornements assez saillants qui, bien plus que la petite moulure de l'orifice, sont destinés à arrêter la main. Parmi ces ornements d'un modelé ferme et puissant, on distingue un dragon contourné, assez propre à effrayer les dames chinoises si, depuis longtemps, elles n'étaient habituées à en voir et en toucher de semblables, sur un grand nombre d'objets ou de meubles de leur nation.

Our drawing gives this vase to a scale of rather more than two thirds real size. Its total height is 1 foot 2 1/4 inches. Indeed we are sorry not to have been able to shew it real size, for the characteristic ornaments which adorn the upper part of the body, and the long neck of the vase would have been all the better for being drawn to a larger scale. The foot seems to us charming by its simplicity. Its shape is every where rounded, so as not to render it unpleasant to touch. In the neck, on the contrary, the considerable projection given to the ornaments is intended even more than the little necking to afford a firm gripe to the hand. Among these ornaments which are powerfully and firmly modelled, is a writhing dragon, who would be likely enough the frighten the Chinese ladies if they had not been long accustomed to see and touch similar ones on a great number of objects of furniture of their nation.

我们画的这个花瓶的尺寸超过了原花瓶尺寸的三分之二。它的总高度为37.2厘米。事实上，我们很遗憾未能展示它的实际尺寸，因为瓶身上部的特色装饰物和花瓶的颈部，更适合被画成更大的比例。花瓶底部简洁美观。花瓶整体呈圆弧形，所以手感非常好。然而，颈部位置的花饰非常凸出，目的是为了便于拿取。在这些刚劲有力的装饰中，有一条盘绕着的龙，如果中国的女人没有常常在其他中式家具中接触这种装饰的话，很有可能会被吓到。

3288

XIIIe SIÈCLE. — ÉCOLE DE LIMOGES.

(A Mme LA COMTESSE DIALYNSKA.)

LA VIERGE ET L'ENFANT JÉSUS.

ÉMAIL CHAMPLEVÉ.

Au moyen âge, et surtout pendant les XIIe et XIIIe siècles, on voit l'image de la Vierge servir de motif principal à maintes décorations. La Mère de Dieu est alors tellement populaire que le sculpteur, le peintre ou l'enlumineur sait tracer sans hésitation ses traits pleins de mansuétude. Aussi voyons-nous la Vierge sculptée toujours aux porches des églises ; on la voit sur les murs des chapelles, sur les parois des autels, sur la plupart des croix à droite de son Fils, sur les missels, sur les châsses, sur les bannières, sur les cloches, etc., etc. En un mot, cette belle figure du catholicisme se voit partout. De nos jours encore, la Vierge occupe dans toute décoration d'ordre religieux un rôle considérable, mais nous ne trouvons pas qu'on ait su lui donner le charme artistique et profondément religieux des gens du moyen âge. — Nos statuettes ou dessins de Vierges modernes, au lieu de traits nobles et fiers, n'offrent pour la plupart du temps qu'une physionomie nulle et souvent vulgaire. — La plaque émaillée que nous reproduisons peut provenir de la décoration d'une châsse ou d'une couverture d'évangéliaire. (Grandeur de l'exécution.)

2389

In the middle ages, and especially during the XIIth and XIIIth centuries, the figure of the Virgin was used as a centre-piece in all sorts of decorations. The Mother of God was then so popular that the sculptor, the painter, or the illuminator could trace her gentle face without hesitation. We always find the Virgin carved in the church-porches, on the chapel-walls, on the altar-fronts, on the most crucifixes on the right of her Son, on the missals, reliquaries, banners, bells, etc., etc. In a word, this beautiful emblem of catholicism is to be seen every-where.

Even now-a-days the Virgin occupies a chief place in all religious decoration, but it seems to us that she no longer possesses the artistic and deeply religious charm which the men of the middle ages succeeded in giving her. Most of our modern statuettes and drawings of the Virgin, instead of noble and lofty features, generally offer a physiognomy both common and vulgar. The enamel plate which we reproduce probably formed part of the decoration of a reliquary or of a cover of the Gospels. (Real size.)

在中世纪时期，尤其是 12 世纪和 13 世纪时期，圣母像常被用作各种装饰的中心部分。那时上帝的母亲非常受人们喜爱，所以不管是雕塑家、画家还是插画师都会毫不犹豫地描画出她温柔的面容。圣母的形象常常雕刻在这些地方：教堂门廊、小教堂的墙壁、圣坛前面、耶稣受难像上十字架的右侧、祈祷书、圣物箱、横幅、排钟等。总之，到处都可以看到这个象征着天主教的美丽女人。

直至今日，圣母像在所有宗教装饰中仍然占据主要地位，但是在我们看来，她现在的艺术吸引力和宗教代表力已经不像中世纪时期那么重要了。现在关于圣母的雕塑和绘画已经不像以前那么突出她高尚和尊贵的一面了，通常只是表现出一个大概的样貌。我们仿制的这个珐琅版面，是圣物箱或者福音书封面装饰的一部分。（实际尺寸）

XVIIᵉ SIÈCLE. — FONDERIES ITALIENNES.

(A M. ROUSSEL.)

HEURTOIR EN BRONZE.

GRANDEUR DE L'ÉXÉCUTION.

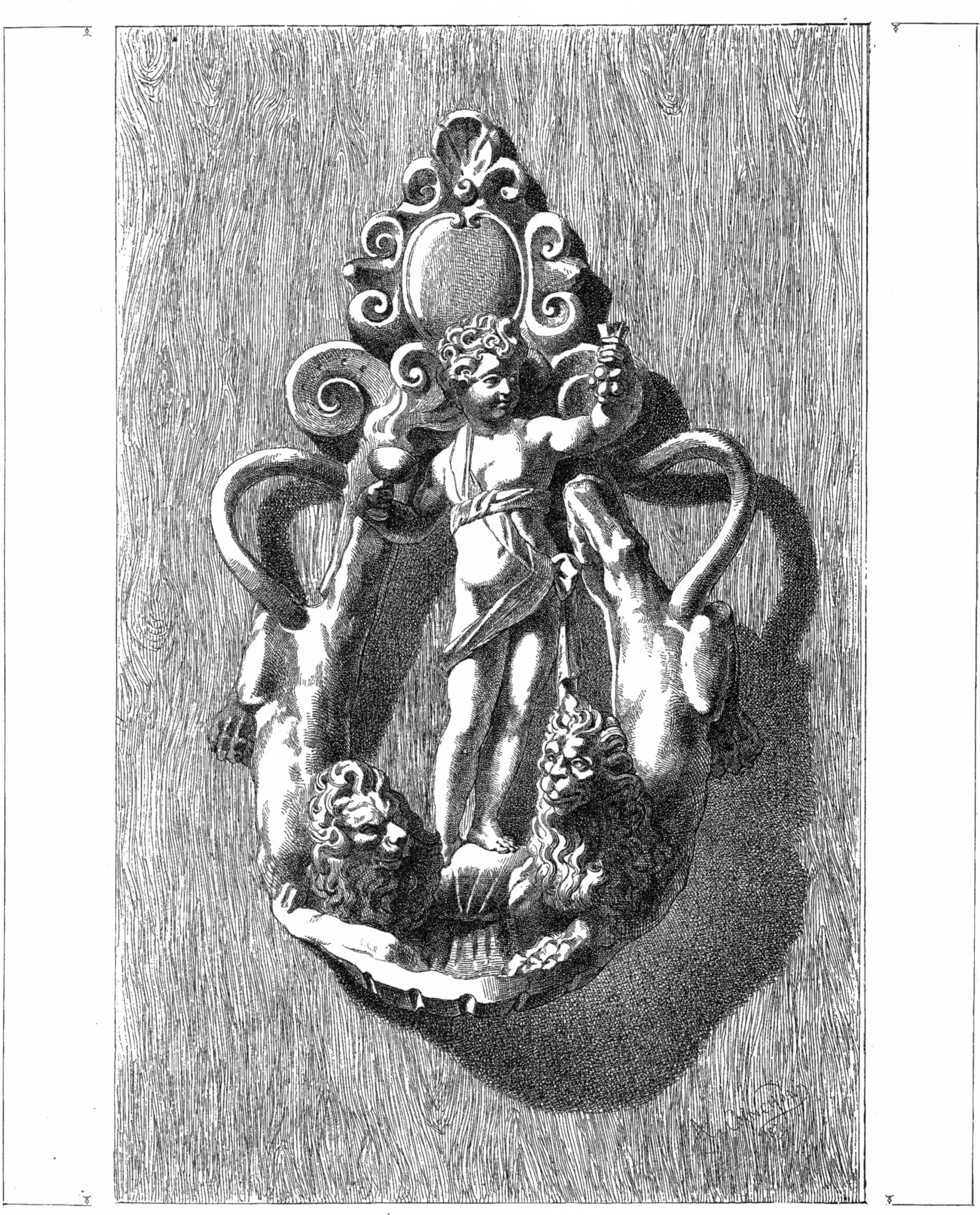

2390

Le sujet est un Bacchus enfant, grappe et coupe en mains, debout au milieu de deux lions renversés. — Une coquille sert de base à ce heurtoir que des vides parfaitement combinés viennent animer et enrichir. — Ajoutons toutefois que le petit cartouche du sommet est loin d'être heureux comme forme.

这是婴儿时期的酒神巴克斯（Bacchus），手里拿了一串葡萄和一个杯子，站在两只狮子中间。这个门环的底部是用贝壳做的，中间的环形空间使门环生动活泼，丰富多彩。但是我们必须补充一点，顶部的尖顶饰很讨人喜欢。

The subject is an infant Bacchus, holding in his hands a bunch of grapes and a cup, and standing between two lions. A shell forms the base of this knocker which is enlivened and enriched by the perfect arrangement of the pierced spaces. We must however add that the little finial at the top is any thing but pleasing in form.

ANTIQUES. — CÉRAMIQUE GRECQUE.

(MUSÉE NAPOLÉON III.)

FRISES. — FIGURES DÉCORATIVES.

CHÉNEAU EN TERRE CUITE.

Ce fragment en terre cuite, une des curieuses choses de la céramique grecque, faisait partie d'un chéneau pour la conduite des eaux. — L'orifice en forme de gargouille, placé sous le ventre du sphinx, en serait au besoin une preuve sans réplique, si le doute était permis.

Dans le motif complet, les deux sphinx sont en regard et séparés par un enfant nu se soutenant de chaque main aux tiges qui s'enroulent sur le fond. On ne voit ici qu'une partie de cet enfant.

Le sphinx est paré de pendants aux oreilles, au cou d'un collier de perles, et d'une aigrette au sommet de la tête. — Un bandeau maintient sa chevelure d'où s'échappent des banderolles s'étendant sur ses reins. — La queue tout à fait ornemanisée se termine par des fleurons.

Ce morceau est désigné sous le titre de « *Dieu du Nil* » par les érudits en archéologie grecque.

这个陶土碎片是希腊陶器艺术中最奇特的一件作品。它是屋顶排水沟的一部分，如果有人不相信的话，中间狮身人面像下面的喷口状的开口可以作为一个有力的证据。

在原本完整的设计中，两个狮身人面像注视着对方，中间是一个裸体小男孩，两只手各拿一个树枝，树枝在背景中缠绕在一起。狮身人面像戴着耳环和珍珠项链，头顶还有一个羽毛装饰物，一条帷幔遮挡住了散落在大腿上的头发。尾巴被改造成了装饰品，其末端形成了一朵花。

希腊的考古学家把这个形象称作"尼罗河之神"。

2391

The fragment of terra-cotta, a most curious specimen of Greek ceramic art, formed part of a roof gutter. If doubt were possible, the spout-like opening beneath the sphinx's belly would be an irrefragable proof of this.

In the complete design, two sphinxes were looking at one another, and separated by a naked child holding in either hand the branches which intertwine on the background. The sphinx had ear-rings, a pearl neck lace and a plume on the top of the head. A band holds back the hair from which streamers fall down upon the thighs. The tail, which is completely transformed into an ornament, ends in flowerets.

This figure is called „The God of the Nile" by the learned in Greck archœology.

10e Année.
N° 268
15 Août 1871.
ABONNEMENT ANNUEL
France. . . . . 18 fr.
Étranger. . . . 20 fr.
L'Année parue. 25 fr.
L'ART POUR TOUS
ENCYCLOPÉDIE DE L'ART INDUSTRIEL ET DÉCORATIF
Paraissant les 15 et 30 de chaque mois.
PUBLIÉ SOUS LA DIRECTION DE M. C. SAUVAGEOT | FONDÉ PAR M. EMILE REIBER, ARCHITECTE
Ve A. MOREL & Cie
ÉDITEURS
13, rue Bonaparte
Paris.

XIXe SIÈCLE. — ÉCOLE CONTEMPORAINE.
ARCHITECTURE ET SCULPTURE.

FONTAINE DU CLOITRE DES SACRISTIES.
A LA CATHÉDRALE DE PARIS.

(M. E. VIOLLET-LE-DUC, ARCHITECTE.)

2392

A droite de cette fontaine pédiculée, conçue dans le style du xiiie siècle, on voit une armoire des plus simples dont la porte est ornée de pentures en fer forgé. — Le sol est dallé au milieu, et revêtu de carreaux émaillés le long des murs.

在这个高脚盥洗池的右侧，是一个 16 世纪时期风格的普通橱柜，柜门上装饰了精致的铁制折叶。地板和墙上砌了光滑的瓷砖。

On the right of this fountain which is raised on a high foot, and designed in the style of the xiiith century, is a very plain cupboard with ornamental wrought iron hinges on its door. The floor is paved with glazed tiles along the walls.

XVIIe SIÈCLE. — FERRONNERIE FRANÇAISE.
FER FORGÉ ET CISELÉ.

ENTRÉE DE SERRURE D'UN COFFRE.
GRANDEUR DE L'EXÉCUTION.

(AU MUSÉE DE CLUNY, A PARIS.)

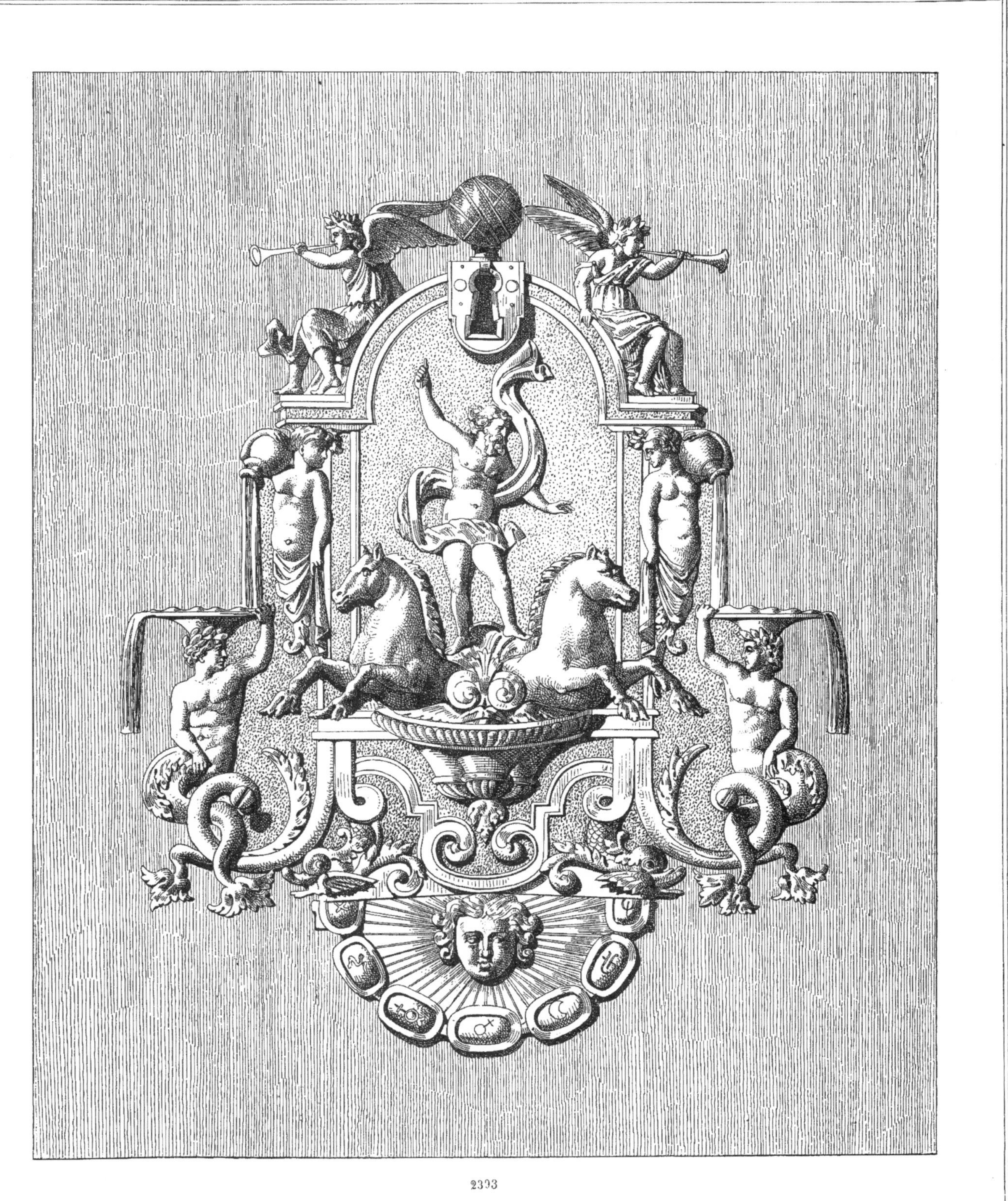

2393

On peut faire remonter cette entrée de serrure, œuvre de maîtrise, selon toute probabilité, aux premières années du xviie siècle. — Ce n'est point une chose parfaite de composition, il s'en faut, mais elle méritait pourtant d'être signalée pour plus d'une raison.

Au milieu de la serrure on voit Neptune sur son char traîné par deux hippocampes. — A droite et à gauche, deux nymphes cariatides épanchent leurs urnes dans des fontaines. — Deux Renommées sont disposées au sommet de l'objet, tandis qu'à la base se voit un soleil rayonnant. — Les fonds sont grenés pour donner de la valeur aux lignes et aux ornements.

这是一个极为精致的钥匙孔，制作时间约为 17 世纪初期。它远远称不上一件完美的作品，但是它有很多细节都是非常值得注意的。

在锁中间，可以看到海神尼普顿（Neptune）站在两匹马拉着的车上。在左边和右边，两个加勒比人正在把罐子中的水倒进水池里。物体的顶端有两个名人像，而底部是发散着光芒的太阳。背景呈粗糙的颗粒状，以便突出它的轮廓和装饰。

This keyhole which is a most masterly work belongs probably to the early years of the xviith century. It is far from being a perfect piece of composition, but is remarkable in more than one particular.

In the middle of the lock, Neptune is seen on his car drawn by two sea-horses. — On the right and left two cariatides are emptying their urns into fountains. On the summit of the object are seated two figures of Fame, whilst at the bottom is a sun with rays. The backgrounds are granulated so as to throw up the outlines and ornaments.

ART JAPONAIS ANCIEN. VASES EN PORCELAINE.

(A M. DE LA FAULOTTE.)

我们绘画并雕刻了这两个日本花瓶或角状物，并不是因为它们的华丽或丰富的外形，它的形状实在是再普通不过了，设计出这种形状的艺术品并不需要什么想象力。但是如果不看它的轮廓，只看上面的花饰的话，它就非常特别了。上面的装饰非常独特，展示出了极高的艺术品位。

左边花瓶的花纹装饰取材于各种植物，枝叶缠绕在一起，从一端延伸到另一端，环绕着瓶体。树枝上长满了叶子、花朵和果实，布局是典型的日本风格，非常自然，装饰性很强。这些花饰均为着色的浮雕。

第二个花瓶瓶身分成了几个正方形，有的方形是空白的，有的方形装饰了一些几何图案。几何图案中间装饰了蝴蝶，还有姿势奇怪各异的小人，有的小人在爬上爬下，有的向下滑落或紧紧贴在花瓶的侧面，就像挂在堡垒的城墙上。蝴蝶和小人均为浮雕。

2394

2395

It was certainly not their beauty or the richness of their form that tempted us to draw and engrave these two Japanese vases or horns, for there could be nothing plainer and commoner and no effort of imagination was necessary in order to arrive at such a result, but it is very different if one leaves aside the general outline which is as common as possible, and looks only at the decoration with which it is covered, which is most original and every-where marked by good taste.

On one of these vases, that on the left, the decoration is entirely taken from the vegetable kingdom; twining branches pass from one side to the other, and embrace the vase.

From these branches hang leaves, flowers and fruit, arranged in the peculiar Japanese style, at once thoroughly natural and thoroughly decorative. These ornaments are in relief and painted.

The second vase is divided into squares, some of which are plain, while others are covered whit geometric patterns, in the midst of which are butterflies and little figures of men in the most strange and varied attitudes. Some are climbing up or down, while others are falling, or clinging desperately to the sides of the vase which seem like the walls of a fortress. The little figures and the butterflies alone are in relief.

Ce n'est assurément pas pour la beauté et la richesse de leur forme que la pensée nous est venue de faire dessiner et graver ces deux vases ou cornets japonais. Il n'est, en effet, rien de comparable à la simplicité, à la vulgarité de cette forme, et aucun effort d'imagination n'était nécessaire pour arriver à un résultat semblable; mais il n'en est plus de même si, du contour général, vulgaire à l'excès, on passe au décor dont il est revêtu. Ici, l'originalité est évidente, et le bon goût ne fait nulle part défaut.

Sur l'un de ces vases, celui de gauche, la décoration est empruntée tout entière à la végétation : des branches contournées passent d'une face à l'autre et semblent étreindre le vase même; à ces branches sont suspendus des feuilles, des fleurs et des fruits, disposés avec cette allure japonaise si naturelle et pourtant si décorative, en quelque sorte particulière à cette nation. Ajoutons que ces décors sont à la fois peints et en relief.

Sur le second vase sont disposés des quadrilles tantôt laissés blancs, tantôt chargés d'ornements géométriques, au milieu desquels se jouent des papillons et de petits personnages humains dont l'attitude est des plus variées et des plus étranges. — Les uns montent ou descendent, les autres se précipitent ou se cramponnent violemment aux parois de ce vase, assez semblables au mur d'une forteresse. Les petits personnages et les papillons seuls sont en relief.

XVIIe SIÈCLE. — ÉCOLE FRANÇAISE.

(ÉPOQUE DE LOUIS XIV.)

TORCHÈRE EN BOIS SCULPTÉ ET DORÉ,

PAR J. BÉRAIN.

(COLLECTION DE M. LÉOPOLD DOUBLE.)

Dans la deuxième année de *l'Art pour tous,* nous avons montré sur une même page trois exemples variés de torchères composées par J. Bérain et extraits de son œuvre. — Ces compositions d'un mérite incontestable empruntent leur ornementation à de glorieux faits d'armes de l'époque : on y voit des trophées divers, des figures enchaînées, des palmes, emblème de la victoire, des coquilles, des dauphins et des sirènes, toutes choses caractérisant ce que l'on est convenu d'appeler le grand règne.— Mais pour être réussies, ces trois compositions de Bérain n'ont pas, que nous sachions, le mérite très-grand à nos yeux d'avoir été, comme l'objet ci-contre, modelées et exécutées.

Le candélabre ou torchère, qui fait aujourd'hui partie de la riche collection de M. L. Double et que nous n'avons pas hésité à reproduire, est plus simple que les compositions citées plus haut. — Toute figure en est rigoureusement bannie, et les ornements eux-mêmes sont exempts de la complication habituelle à cette époque. On ne peut cependant refuser, et au premier examen, des qualités réelles à cet objet précieux.

On sait que les torchères ou grands candélabres furent d'un fréquent usage à l'époque fastueuse de Louis XIV. — Ils étaient devenus des accessoires obligés de la décoration des grandes salles de réception, et reposaient directement sur le sol à la façon des lampadaires de l'antiquité. — Souvent fondus en bronze, ils étaient en outre de dimensions vraiment colossales.

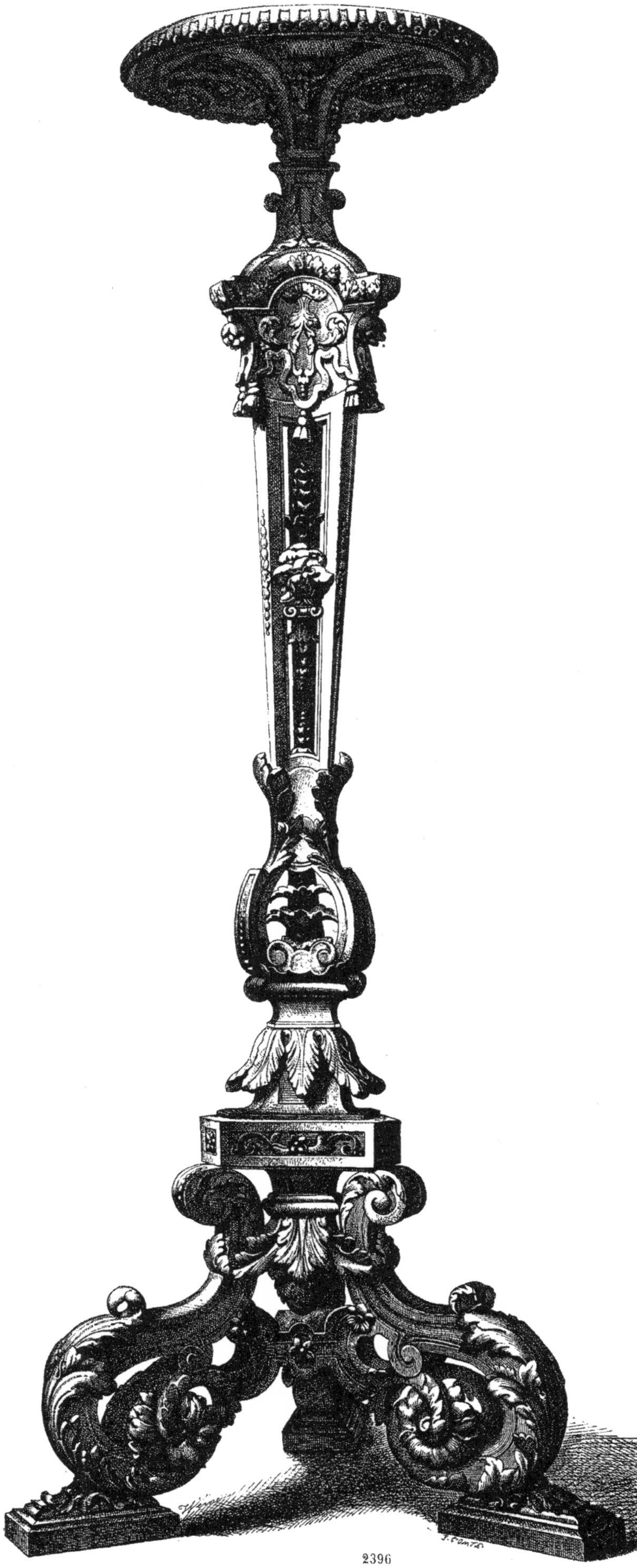

In the second year of *l'Art pour Tous* we gave on one page three different examples of high lampstands designed by J. Bérain and taken from his works.

These most meritorious designs borrowed their ornamentation from the glorious feats of arms of the period; they were composed of various trophies, chained figures, palms (the emblem of victory), shells, dolphins and sirens, all of them caracteristics of what is commonly called the "great reign." But though successful, these three compositions of Bérain do not possess, so far as we are aware, the great merit of having been modelled and executed like that which we now give.

This candelabrum or high lampstand which is now in the rich collection of M. L. Double and which is well worthy of reproduction, is simpler than the designs of which we have just spoken. There are not figures in it, and the ornaments themselves are less complicated than is usual at this period. Even at first sight however, it is impossible to deny the real merits of this precious object.

These lampstands or candelabra were frequently used during the ostentatious reign of Louis XIV. They were considered almost necessary parts of the decoration of great reception rooms and stood on the floor like the ancient candelabra. They were often of cast bronze, and of really colossal dimensions.

在第二年的《艺术大全》中，我们在其中一页展示了三个不同的灯台，这些灯台由贝朗（J. Berain）设计。

这些令人称赞的设计借鉴了这一时期装饰艺术的辉煌成就。这些装饰包括各种奖杯、戴着枷锁的人、棕榈树（胜利的象征）、贝壳、海豚和迷人的女人，它们都具有“伟大时代”的特征。虽然这三个贝朗设计的灯台是非常成功的艺术品，但是据我们所知，很多我们现在铸造和加工艺术品的优点，它们都没有。

这张图是一个枝状大烛台或者是一个高高的灯台，现在由达布尔（M. L. Double）收藏，它很有仿制的价值，构造比我们刚才提到的灯台要简单。这个灯台的装饰中没有出现人形图案，也比其他同时期的装饰要简单很多。但是看到它的第一眼，你就无法否认这件珍贵艺术品的价值和意义。

路易十四统治时期的人们非常爱炫耀，那时常常会用到这种烛台或灯台。对于那时的豪华会客室的装饰来说，灯台是很重要的一部分，矗立在会客室的地板上，就像古代的大烛台。这些灯台通常用铸铜打造，尺寸非常大。

2396

N° 269
10me
Année.
30 Août
1871.
ABONNEMENT ANNUEL
France. . . . . 18 fr.
Étranger. . . . 20 fr.
L'Année parue. 25 fr.
L'ART POUR TOUS
ENCYCLOPÉDIE DE L'ART INDUSTRIEL ET DÉCORATIF
Paraissant les 15 et 30 de chaque mois.
PUBLIÉ SOUS LA DIRECTION DE M. C. SAUVAGEOT | FONDÉ PAR M. ÉMILE REIBER, ARCHITECTE
Ve A. MOREL & Cie
ÉDITEURS
13, rue Bonaparte
Paris.

XVIIe SIÈCLE. — ÉCOLE ITALIENNE.

COSTUMES. — PORTRAIT DE JEANNE D'AUTRICHE.

2397

Jeanne d'Autriche était fille de Ferdinand Ier, empereur des Romains. — Elle épousa François Ier de Médicis, grand-duc de Toscane. — Extrait de *Medicorum principum effigies,* d'après la gravure de A. Halnech.

奥地利的珍妮（Jeanne）是罗马帝国皇帝费迪南德一世的女儿。她嫁给了托斯卡纳大公爵美第奇的弗朗索瓦一世。这张图选自《医学的原理》，由 A.Halnech 雕刻。

Jeanne of Austria was the daughter of Ferdinand I, emperor of the Romans. She married Francis I of Medici, grand-duke of Tuscany. — Taken from the "Medicorum principum effigies" after the engraving of A. Halnech.

XVIIIe SIÈCLE. — ÉCOLE FRANÇAISE.
(ÉPOQUE DE LOUIS XV.)

DÉCORATIONS INTÉRIEURES. — LAMBRIS SCULPTÉ,
D'APRÈS BLONDEL.

2398

C'est un dessin de Blondel, gravé par Charpentier, que nous reproduisons. — On lit à la base du motif la légende suivante : « Décoration de cheminée et porte, accompagnées de panneaux de menuiserie pour les appartements de parades et autres, avec les profils, assemblages et coupes utiles aux ouvriers.

我们在这里再现了布隆德尔（Blondel）的图样，由夏邦杰（Charpentier）雕刻。画的下面有这样一段话：这个装饰设计可用于壁炉和门的装饰，工匠可用这个面板来装饰豪华的公寓等，造型、建筑式样和截面对工人来说非常有用。

We here reproduce a drawing of Blondel's engraved by Charpentier. The following title is placed below it. "Decoration of a chimney piece and door, together with panels of joiner's work for state apartments and others, with the mouldings, construction and sections useful to workmon."

XVIe SIÈCLE. — MODES FRANÇAISES.
(ÉPOQUE DE HENRI III.)

ARTS SOMPTUAIRES. — COSTUMES,
D'APRÈS JACQUES BOISSARD.

2399 2400 2401 2402 2403

Dans toute la collection de costumes gravés par J. Boissard, il est à remarquer que les costumes des bourgeois et femmes du peuple sont plus caractéristiques que ceux des gentilshommes et des grandes dames. — Le même fait s'observe encore aujourd'hui malgré l'uniformité qui commence à nous étreindre.

Fig. 2399. Femme de Metz en Lorraine. — Fig. 2400. Gentilhomme bourguignon. — Fig. 2401 et 2402. Femmes verdunoises. — Fig. 2403. Bourgeoise lorraine.

在 G. 波斯亚德（G.Boissard）雕刻的所有服装中，值得注意的是，中产阶级的服装比贵族的更有特色，如今，抛开大家服装日渐统一的事实的话，这种情况也是时有发生的。

图 2399 是一位洛林梅茨的妇女。图 2400 是一位勃艮第的贵族。图 2401 和图 2402 是一位凡尔登妇女。图 2403 也是一位来自洛林的妇女。

Throughout the whole collection of costumes engraved by G. Boissard, it is noticeable that those of the men and women of the middle class are more characteristic than those of the noblemen and ladies. The same thing may be observed even now-a-days in spite of the uniformity which is tightly closing round us.

Fig. 2399. Woman of Metz in Lorraine. Fig. 2400. Burgundian nobleman. Figs. 2401 and 2402. Women of Verdun. Fig. 2403. Woman of Lorraine.

XVIIe SIÈCLE. — FERRONNERIE FRANÇAISE.

CHANDELIERS EN FER FORGÉ.

(COLLECTION DE Mme LA COMTESSE DZIATYNSKA.)

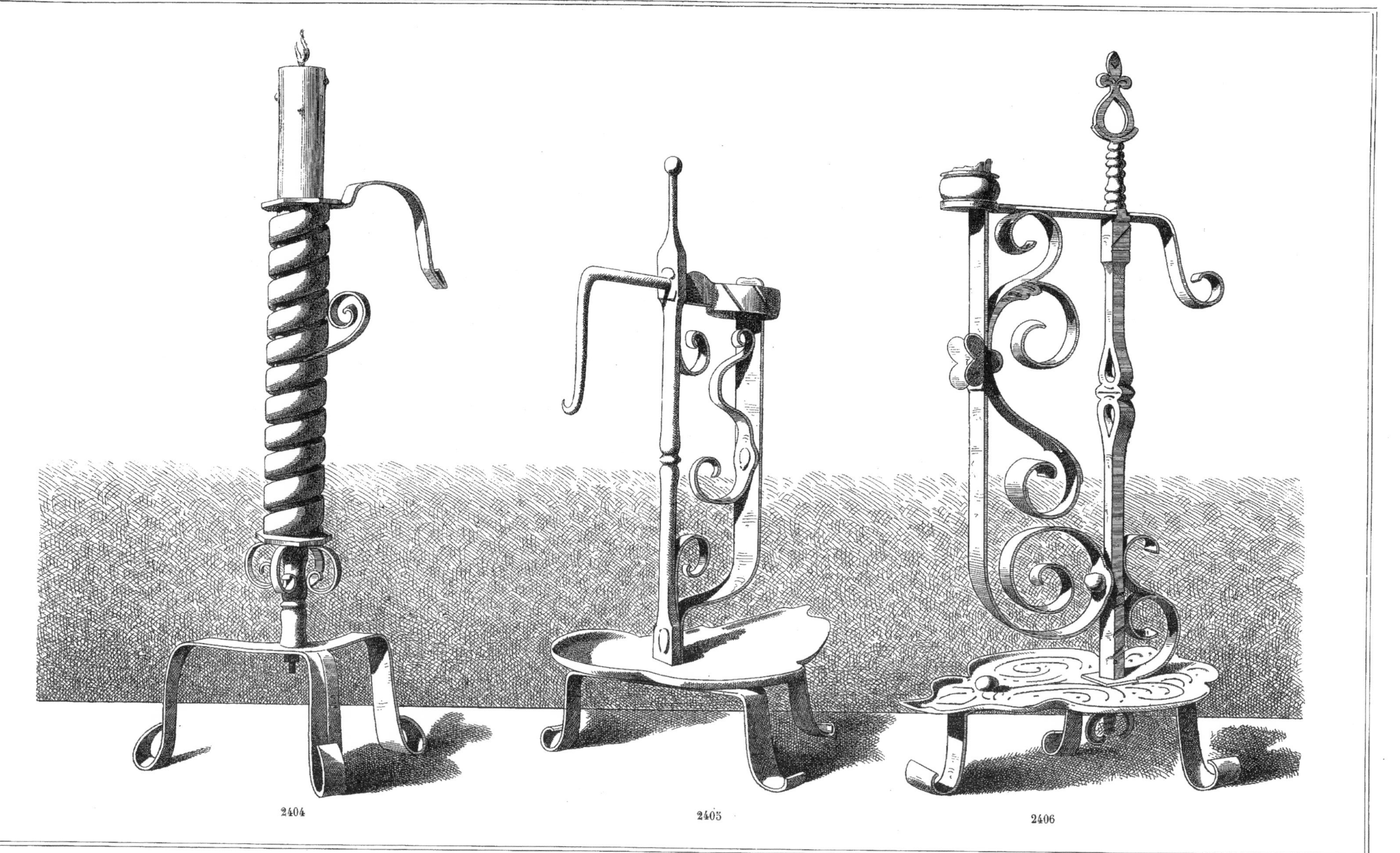

2404 2405 2406

Voici trois curieux exemples de chandeliers en fer forgé et comme il arrive rarement d'en rencontrer aujourd'hui. — La fig. **2404**, de décoration assez simple, offre cette particularité que la bougie se remonte en promenant dans les interstices d'une vis une petite queue en spirale. — Les fig. **2405** et **2406**, plus compliquées, posent sur trois pieds avec tablette échancrée et concave à la base. — Ces trois objets peuvent être portés à la main ou suspendus à volonté. (A moitié de l'exécution.)

这是三个奇特的烛台，用熟铁制作，现在这种烛台已经很难见到了。图 2404 的烛台装饰非常简单，它的独特之处在于，扳动旋转螺丝上的一个小手柄就可以把蜡烛向上推。图 2405 和图 2406 则较为复杂，烛台由三个脚架支撑，还带着一个凹口盘。这三个烛台可以用手拿着，也可以任意挂起来。（大小为原尺寸的一半）

These are three curious examples o: wrought iron candlesticks of a kind which one seldom meets with now. Fig. **2404**. Simple enough in its decoration, is remarkable because the candle is pushed up by moving a little handle in the spaces of a spiral screw. The figs. **2405** and **2406**, which are more complicated, stand upon three feet carrying a notched concave plate. These three objects can be carried in the hand or hung up at will. (Half real size.)

10me Année.
N° 270
15 Septembre 1871.
ABONNEMENT ANNUEL
France. . . . . 18 fr.
Étranger. . . . 20 fr.
L'Année parue. 25 fr.
L'ART POUR TOUS
ENCYCLOPÉDIE DE L'ART INDUSTRIEL ET DÉCORATIF
Paraissant les 15 et 30 de chaque mois.
PUBLIÉ SOUS LA DIRECTION DE M. C. SAUVAGEOT | FONDÉ PAR M. EMILE REIBER, ARCHITECTE
Ve A. MOREL & Cie
ÉDITEURS
13, rue Bonaparte
Paris.

ART INDUSTRIEL CHINOIS. — ORFÉVRERIE.

ANTIQUITÉ.

BRULE-PARFUMS EN BRONZE.

(A M. PH. BURTY.)

2407

Le vase ci-dessus est présenté aux deux tiers de l'exécution. Le récipient pose sur trois têtes d'éléphant d'un grand naturel et d'un modelé parfait. L'originalité dans le bon goût ne saurait être poussée plus loin, il nous semble.

这个花瓶的大小是原尺寸的三分之二。支撑它的脚架是三个大象头，栩栩如生，做工精细。我们认为，这个花瓶完美结合了创意和超凡的品位，这种完美已经达到了极致。

The vase here given is two thirds real size. The body of it rests upon three elephant's heads which are most lifelike and admirably modelled. Originality combined with good taste could we think, scarcely go further.

XIVe SIÈCLE. — ORFÉVRERIE ALLEMANDE.

RELIQUAIRE ÉMAILLÉ ET GRAVÉ.

2408

2410

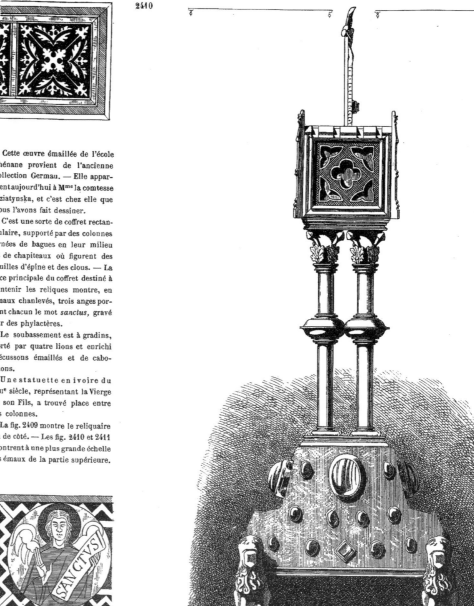

Cette œuvre émaillée de l'école rhénane provient de l'ancienne collection Germau. — Elle appartient aujourd'hui à Mme la comtesse Dziatynska, et c'est chez elle que nous l'avons fait dessiner.

C'est une sorte de coffret rectangulaire, supporté par des colonnes ornées de bagues en leur milieu et de chapiteaux où figurent des feuilles d'épine et des clous. — La face principale du coffret destiné à contenir les reliques montre, en émaux chanlevés, trois anges portant chacun le mot *sanctus*, gravé sur des phylactères.

Le soubassement est à gradins, porté par quatre lions et enrichi d'écussons émaillés et de cabochons.

Une statuette en ivoire du XIIIe siècle, représentant la Vierge et son Fils, a trouvé place entre les colonnes.

La fig. 2409 montre le reliquaire vu de côté. — Les fig. 2410 et 2411 montrent à une plus grande échelle les émaux de la partie supérieure.

2411

2409

这件珐琅作品属于莱茵派，是古老的德国藏品，现由迪亚特纳斯卡（Dziatynska）女伯爵收藏，我们是在她的家里完成这幅绘画作品的。

这是一个矩形的盒子，由箍柱支撑，柱头有叶形装饰和钉子。盒子是用来装圣物的，盒子的前面用珐琅镶嵌了三个天使，每个天使都拿了一个刻着“圣哉（SANTUS）”的条幅。

下面的底座支撑着整个圣物箱。底座由四个狮子支撑，并装饰了盾牌和石头的浮雕。

在柱子中间有一个 13 世纪时期的象牙雕塑。

图 2409 展示了圣物箱的侧面。图 2410 和图 2411 放大展示了珐琅上部的装饰。

The specimen of the enamel work of the Rhenish school comes from the old German collection. It now belongs to the countess Dziatynska at whose house we had it drawn.

It is a sort of rectangular casket supported on banded columns with capitals covered with thorn leaves and nails. — The chief front of the casket intended to contain the relics bears three angels in "champlevé" enamel, each of whom holds a scroll with the word "SANCTUS" engraved upon it.

The plinth which is stepped, is carried by four lions and enriched with enamelled shields and stones set in relief.

An ivory statuette of the XIIIth century has been placed between the columns.

Fig. 2409 gives a side view of the reliquary. Figs. 2410 and 2411 give some of the enamels of the upper part to a larger scale.

XIIe SIÈCLE. — ÉCOLE FRANÇAISE.
(ÉPOQUE ROMANE.)

SCULPTURE. — CHAPITEAUX EN PIERRE.
(AU MUSÉE DE CLUNY, A PARIS.)

2412

2413

2414

Le square ajouté depuis quelques années à l'hôtel des abbés de Cluny, à Paris, a été orné en grande partie de fragments sculptés, de statues, de motifs d'architecture, qui, mêlés aux gazons verts et aux massifs feuillagés, produisent un excellent effet décoratif. — C'est parmi ces fragments que nous avons choisi les trois chapiteaux ci-dessus d'une exécution large, puissante et vraiment sculpturale.

几年前，人们在巴黎的克吕尼修道院宫殿修建了一个广场，广场上大部分的装饰都是雕刻、雕像和建筑碎片，它们与绿草地和深色灌木丛结合在一起，产生了极好的装饰效果。在这种建筑中，我们选了这三个柱头进行展示，它们气魄雄伟，雕刻精细。

The square added some years ago to the Palace of the Abbots of Cluny at Paris has been ornamented to a great extent with pieces of carving, statues, and fragments of architecture which mingling with the green grass and the darker shrubs produce an excellent decorative effect. — It is from among these fragments that we have chosen the three capitals here given which are of a broad and powerful, and thoroughly sculpturesque treatment.

XVIIIe SIÈCLE. — ÉCOLE FRANÇAISE.
(ÉPOQUE DE LOUIS XV.)

DÉCORATIONS INTÉRIEURES. — CHEMINÉE,
D'APRÈS LA GRAVURE DE CHARPENTIER.

2415

Au XVIIIe siècle, les cheminées n'offrent plus les dimensions colossales qu'on leur a vues aux siècles précédents. En revanche, les glaces qui les surmontent sont immenses et toujours très-richement ornées.

18 世纪，壁炉的尺寸没有之前那么大了，似乎是为了弥补这一点，镜子开始变得越来越大，装饰也越来越丰富。

In the XVIIIth century, the chimneys were no longer of the colossal dimensions which they possessed in the preceding centuries, but as if to make up for it the mirrors which surmount them were immense, and always most richly ornamented.

10me
Année.
No 271
31 Septembre
1871.
ABONNEMENT ANNUEL
France. . . . . 18 fr.
Étranger. . . . 20 fr.
L'Année parue. 25 fr.
L'ART POUR TOUS
ENCYCLOPÉDIE DE L'ART INDUSTRIEL ET DÉCORATIF
Paraissant les 15 et 30 de chaque mois.
PUBLIÉ SOUS LA DIRECTION DE M. C. SAUVAGEOT | FONDÉ PAR M. EMILE REIBER, ARCHITECTE
Ve A. MOREL & Cie
ÉDITEURS
13, rue Bonaparte
Paris.

XIXe SIÈCLE. — ÉCOLE FRANÇAISE CONTEMPORAINE.

SCULPTURE. — SUPPORT EN BRONZE,

PAR M. PIAT.

2416

2416 *bis*

Chimère en bronze destinée à supporter un vase quelconque.— La fig. 2416 *bis* montre le même support différemment : il peut trouver place avec un égal à-propos soit dans un vestibule, dans une salle à manger ou dans un salon.

这个铜制的狮身鹫首的怪兽是用来放花瓶的。图 2416 bis 展示了这个铜制品的背面。这个艺术品放在门廊、餐厅或者客厅都很合适。

Bronze griffon meant to carry a vase. Fig. 2416 *bis* gives a different view of the same object, which could be placed with equal propriety either in a vestibule, a dining-room, or a drawing-room.

XVIe SIÈCLE. — ÉCOLE ALLEMANDE. ARTS SOMPTUAIRES. — COSTUMES,

D'APRÈS J. AMMON DE NUREMBERG.

2417

2418

2419

Les originaux sont gravés sur bois avec une largeur et une science véritables. — Les figures inférieures montrant des scènes gracieuses de l'enfance nous semblent surtout intéressantes.

上面这幅木版画的原稿非常宽，展示了精致的雕刻技术。下面的图雕刻了优美的童年场景，对我们来说十分有趣。

The originals of these woodcuts shew immense breadth and science of treatment. The lower figs. which give graceful scenes of childhood seem to us especially interesting.

XVIIe SIÈCLE. — ÉCOLE FRANÇAISE. (ÉPOQUE DE LOUIS XIII.)

DÉCORATION ARCHITECTURALE. — PORTE D'UNE MAISON, RUE BOUTARD, A ROUEN.

2420

Cette porte est fort simple et pour ainsi dire dénuée de tout ornement. — Les lignes bien agencées suffisent à lui donner du caractère, et nous souhaitons d'en voir souvent de semblables dans les façades de nos maisons modernes.

这扇门极为简洁，几乎没有什么装饰。几根主要的线条安排巧妙，足以显示出它的个性，我们希望在现代房屋中也可以多多看到类似的设计。

This door ist most simple, and almost devoid of ornament. — The happy arrangement of the principal lines is sufficient to give it character, and we wish we often saw similar ones in the façades of our modern houses.

XVIIe SIÈCLE. — FERRONNERIE FRANÇAISE.
(AU MUSÉE DE CLUNY.)

HEURTOIRS DE PORTES COCHÈRES
EN FER REPOUSSÉ.

Le premier de ces heurtoirs (fig. 2421) est d'une forme gracieuse, élégante et fine. — Si le temps et l'usage ont pu arrondir certaines formes et même les dénaturer, ils n'ont pu faire pourtant que l'aspect de cet objet ne demeure parfaitement agréable. — Nous devons dire qu'il a été, avec quelques variantes peut-être, souvent répété pendant le XVIIe siècle, preuve qu'il était goûté déjà de nos prédécesseurs.

Deux dauphins de fantaisie et mordant une tête humaine forment la poignée disposée selon une forme elliptique, tandis que le haut est terminé par une palmette recourbée s'adaptant au pivot du heurtoir, terminé lui-même aux extrémités par deux boutons saillants.

La fig. 2422 est formée d'un écusson d'armoirie portant couronne au sommet et soutenu par deux génies. — Un mascaron humain, d'où sortent des feuillages, compose la partie inférieure de l'objet. — Ce heurtoir n'est pas d'un goût très-pur, et nous préférons de beaucoup, pour notre compte, celui dont nous venons de parler; mais il était utile cependant de le montrer, car il offre bien le caractère de l'époque où il a été fabriqué.

The first of these knockers (fig. 2421) is graceful in form, elegant and delicate. If time and use have rounded some of its outlines, and even altered them, they have not been able to render its aspect other than perfectly agreeable. We should add that, with perhaps some slight variations, it was often repeated during the XVIIth century, a sufficient proof that it was already admired by our predecessors.

Two imaginary dolphins biting a human head form the handle which is elliptical in form, whilst the upper part is finished by a palm leaf bent round the pivot of the knocker which itself ends in two projecting knobs.

Fig. 2422 is formed by a shield for a coat of arms carrying a coronet and held up by two genii. A human mask from which leaves branch out makes up its lower part.

This knocker is not of a very pure style, and for our part we much prefer that of which we have just spoken, but it was worth shewing as being most characteristic of the period at which it was made.

2421

2422

第一个门环（图 2421）外形优美、风格高雅、做工精致。经历了岁月的打磨和使用的损耗，门环的线条变得圆润，甚至线条的形状也有所改变，但是它的外表不但没有失色，反而变得更加好看。我们应该补充一点，虽然细节有所改变，但是在17世纪常常可以看到类似的门环，足以证明我们的先人就很喜欢这种门环。

门环的手柄是椭圆形的，上面的装饰是两条虚构的龙在咬一个人头，手柄在门环上部的枢轴处闭合，闭合处由棕榈树叶装饰，枢轴的位置有两个凸起的球形。

图 2422 的门环中间是刻着一个盾形纹章，一个皇冠置于纹章之上，纹章由两个魔仆举着。门环的下部由一个人类面具和从面具周围延伸出的枝叶组成。

这个门环的风格不够简洁纯粹，我们更喜欢第一个门环，但是它是那个时代最具有代表性的作品，所以我们觉得有必要展示给大家看。

10e Année.
N° 272
15 Octobre 1871.
ABONNEMENT ANNUEL
France. . . . . 18 fr.
Etranger. . . . 20 fr.
L'Année parue. 25 fr.
L'ART POUR TOUS
ENCYCLOPÉDIE DE L'ART INDUSTRIEL ET DÉCORATIF
Paraissant les 15 et 30 de chaque mois.
PUBLIÉ SOUS LA DIRECTION DE M. C. SAUVAGEOT | FONDÉ PAR M. EMILE REIBER, ARCHITECTE
Ve A. MOREL & Cie
ÉDITEURS
13, rue Bonaparte
Paris.

XVIIe SIÈCLE. — ÉCOLE FRANÇAISE. (ÉPOQUE DE LOUIS XIII.)

DÉCORATION ARCHITECTURALE. — LUCARNE JUMELLE, RUE BOUTARD, A ROUEN.

Sauvageot del.

Tomaszkiewicz

2423

La rue Boutard existe-t-elle encore? n'a-t-elle point disparu comme la plupart des rues et ruelles du vieux Rouen? Nous ne savons. — Il y a une dizaine d'années, nous dessinions cette lucarne du XVIIe siècle, qui nous avait frappé par l'entente de sa décoration. — Aujourd'hui encore elle nous produit le même effet.

我们不知道布尔德街是否还存在，也不知道它是否像大多数古代鲁昂的街道和小巷一样消失了。

这是一个 17 世纪的屋顶窗，大约十年前，我们画了它的素描画，那时它协调的装饰就让我们感到惊叹，如今，这一点仍让我们赞叹不已。

We know not whether the Rue Boutard still exists or whether it has not rather disappeared like most of the streets and lanes of old Rouen.

Some ten years ago we made a sketch of this XVIIth century dormer which struck us by the harmony of its decoration, and which strikes us now as it did then.

XVIe SIÈCLE. — SCULPTURE FRANÇAISE. (HENRI III.)

CARIATIDES. — PANNEAU SCULPTÉ. (DÉTAILS.)

(MUSÉE DE CLUNY A PARIS)

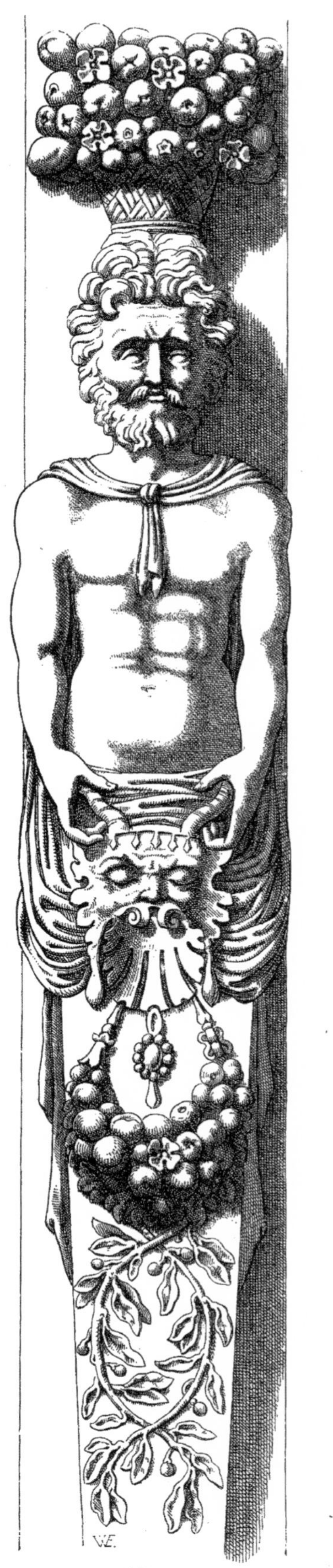

2425

2424

2426

2427

Le quatrième volume de *l'Art pour tous* contient (page 415) un meuble à deux corps, ou buffet en noyer, qui passe avec raison pour un des plus complets qui aient été exécutés au XVIe siècle. — On nous a très-souvent demandé de montrer les principaux détails de sculpture de ce meuble, et, comme ces réclamations nous ont paru motivées, nous présentons aujourd'hui deux des cariatides, la partie supérieure d'un des panneaux de côté et un fragment d'ornement courant : le tout à moitié d'exécution. — D'autres détails complémentaires seront également publiés dans les prochains numéros.

在《艺术大全》第四年（第 415 页）中，我们展示了一件由两部分组成的家具，或者说一个胡桃木衣柜，我们认为它是 16 世纪最完美的家具之一。

常常有读者要求我们展示这个衣柜的雕刻细节，我们觉得这个要求非常合理，所以现在展示两个女像柱，一个侧面板的上部和一部分连续的花饰。尺寸均为实际尺寸的二分之一。

本刊将来会展示更多细节。

The fourth volume of *l'Art pour Tous* contains (p. 415) a piece of furniture in two parts or a walnut wood dresser which is considered with reason to be one of the most perfect of those made during the XVIth century.

We have often been asked to give the chief details of its carving, and as this request seems to us most reasonable, we now give two of the cariatides, the upper part of one of the side panels, and part of the running ornament; all half real size.

Further details will be given in future numbers.

XIVe SIÈCLE. — ORFÉVRERIE FRANÇAISE.

(MUSÉE DE L'HOTEL DE CLUNY, A PARIS.)

RELIQUAIRES EN CUIVRE ET ARGENT.

GRANDEUR DE L'EXÉCUTION.

2428 2429 2429 *bis*.

La fig. 2428 est en cuivre repoussé, ciselé et doré, orné de petites rosaces en émail sur argent et surmonté d'une sorte de fronton en accolade, au sommet duquel le Christ en croix trouve place entre saint Jean et la sainte Vierge. — Fig. 2429. Reliquaire-ostensoir en argent orné de clochetons aux angles et de personnages sur les portes. — La fig. 2429 *bis* montre le même objet vu de côté.

图 2428 是一件雕刻了凸纹并镀金的铜制品，银色的小玫瑰镶嵌在上面，形成了倾斜的三角墙，最上面是耶稣受难像，两边是圣约翰和圣母玛利亚。图 2429 是银制的圣器和圣物箱，箱顶的角落装饰了尖塔，门上装饰了圣人的形象。图 2429（bis）展示了这件物品的侧面。

Fig. 2428 is of copper "repoussé" chased and gilt ornamented with little roses enamelled on silver and surmounted by a sort of sloping pediment on the top of which is a crucifix between St John and the blessed Virgin. Fig. 2429. Silver monstrance and reliquary ornamented with pinnacles on the angles and figures of saints on the doors. — The fig. 2429 *bis* shows a side view of the same object.

XVIIIe SIÈCLE. — FABRIQUE FRANÇAISE.

(LOUIS XVI.)

FLAMBEAUX EN CUIVRE ET EN BRONZE.

AUX DEUX TIERS DE L'EXÉCUTION.

(COLLECTION DE M. LÉOPOLD DOUBLE.)

2430

2431

La figure de droite est en bronze et en cuivre doré. — Celle de gauche est entièrement en cuivre, à l'exception du pied, qui est de marbre avec application des ornements, guirlandes et feuillages en métal.

右边的雕塑是镀金铜制品。左边的雕塑是铜制品，底座是大理石的，上面有嵌花、花环、叶子等金属装饰。

The right hand figure is of bronze and copper gilt. That on the left is entirely of copper, except the foot which is of marble with "appliqué" ornaments, garlands and leaves of metal.

10me
Année.
ABONNEMENT ANNUEL
France. . . . . 18 fr.
Étranger. . . . 20 fr.
L'Année parue. 25 fr.
No 273
L'ART POUR TOUS
ENCYCLOPÉDIE DE L'ART INDUSTRIEL ET DÉCORATIF
Paraissant les 15 et 30 de chaque mois.
PUBLIÉ SOUS LA DIRECTION DE M. C. SAUVAGEOT | FONDÉ PAR M. EMILE REIBER, ARCHITECTE
31 Octobre
1871.
Ve A. MOREL & Cie
ÉDITEURS
13, rue Bonaparte
Paris.

ART PERSAN. — ORFÉVRERIE. **FLACON EN FER DAMASQUINÉ D'ARGENT**

AUX DEUX TIERS DE L'EXÉCUTION.)

2432

Nous avons négligé de noter à qui appartient ce remarquable objet d'orfévrerie, et nous le regrettons, car nous nous serions permis de féliciter le propriétaire sur son bon goût de collectionneur. — En effet, il est difficile de rencontrer dans un vase de ce genre une forme plus heureuse, plus correcte et plus élégante. — Les ornements à plat, divisés par zones, contribuent aussi pour leur part à produire la chose réussie que nous voyons.

很遗憾我们没有标注这件精美的金匠艺术品的收藏者是谁，否则我们就可以由衷地祝贺他是一位品位很好的收藏家。因为很难再有哪个花瓶能比这个花瓶外形更悦人，风格更得体、更优雅。条状花纹把单调的装饰分隔开，它们在这个令人赞叹的作品中发挥了作用。

We are sorry that we forgot to note to whom this remarkable specimen of goldsmith's works belongs, or we should have taken the liberty of congratulating its owner on his good taste as a collector. For it would indeed be difficult in a vase of this kind to find a more pleasing form, one more correct or more elegant. The flat ornaments divided by bands do their part in producing this admirable work.

XVIe SIÈCLE. — FABRIQUE FLAMANDE.

(COLLECTION DE M. RECAPPE.)

USTENSILES DIVERS. — CHENETS EN CUIVRE.

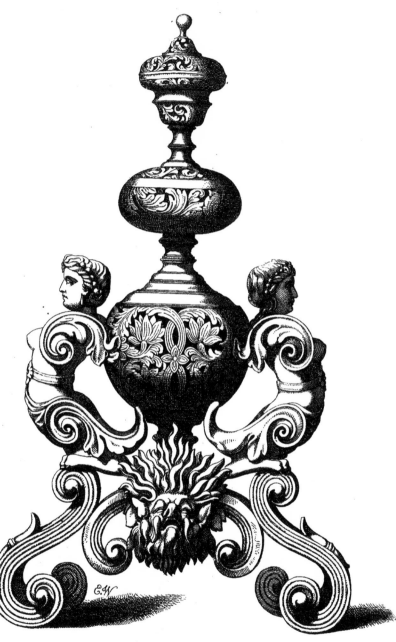

2433

我们的职责是让读者看到不同时期、不同国家、不同风格的作品，所以我们给大家展示这个佛兰德炭架，这个炭架谈不上精美和优雅。但是，众所周知，古代佛兰德的工业艺术在这方面有很多缺点，我们必须接受这一点。因此，我们展示这个炭架并不是想把它当成一个完美的模范，如果有人想从这件作品中获得些许灵感的话，应该关注它的考古价值和历史价值，不要去关注装饰中那些幼稚的细节。

If it had not been our business to bring before the eyes of our readers objects of every style, every period and every country, we should not perhaps have give these Flemish fire-dogs which are by no means specially remarkable for elegance. But, at is well known, ancient Flemish industrial art is faulty in this respect, so we must take it as it is. We do not therefore give these dogs as perfect models, and any one who may wish to take a hint from them should look at them only from their archœological and historic side, and should shut his eyes to the naïveté of the details which make up their decoration.

2434

Si nous n'avions pour mission de faire passer sous les yeux de nos lecteurs des objets de tous les styles, de toutes les époques et de tous les pays, nous eussions peut-être évité de montrer ces chenets flamands qui ne brillent pas précisément par une incontestable élégance. — Mais l'art industriel flamand ancien, c'est un fait reconnu, pèche par ce côté, et il faut bien le prendre tel qu'il est. — Aussi les chenets ci-joints ne sont-ils pas offerts comme des modèles parfaits; quiconque s'en inspirera devra les voir par le côté archéologique et historique et faire bon marché des détails assez naïfs qui entrent dans leur décoration.

XVIe SIÈCLE. — ÉCOLE ALLEMANDE. **ARTS SOMPTUAIRES. — COSTUMES**

(D'APRÈS J. AMMON DE NUREMBERG.)

2435 2436 2437

2438 2439

Les originaux sont gravés sur bois, et nos gravures, nous devons le dire, serviles quant au dessin et à l'effet, ne le sont point quant aux hachures.

原作是木版画，我们必须承认，虽然我们的仿制品在绘画和最终效果方面与原作非常相似，但那些线条并不是雕刻上去的。

The originals are woodcuts, and we must own that though our engravings are facsimiles in the drawing and the general effect, they are not so in the graving lines.

XVIIe SIÈCLE. — ORFÉVRERIE FRANÇAISE.

(ÉPOQUE DE LOUIS XIV.)

BRAS DE LUMIÈRE EN BRONZE

AUX TROIS QUARTS DE L'EXÉCUTION.

(A M. DELAROCHE.

2440

Le dessin de ce bras de lumière semble avoir été fourni par Bérain. — Il est bien dans tous les cas de cette école, et provient, selon toute probabilité, des appartements de Versailles.

这个壁灯很可能是贝朗（Berain）设计的。因为这个设计风格属于他的流派，而且这个壁灯很有可能来自于凡尔赛的公寓。

The design of this sconce was probably given by Bérain. A any rate it is of his school and in all probability came from the apartments of Versailles.

10me Année.
N° 274
15 Novembre 1871.
ABONNEMENT ANNUEL
France. . . . . 18 fr.
Étranger. . . . 20 fr.
L'Année parue. 25 fr.
L'ART POUR TOUS
ENCYCLOPÉDIE DE L'ART INDUSTRIEL ET DÉCORATIF
Paraissant les 15 et 30 de chaque mois.
PUBLIÉ SOUS LA DIRECTION DE M. C. SAUVAGEOT | FONDÉ PAR M. EMILE REIBER, ARCHITECTE
Vve A. MOREL & Cie
ÉDITEURS
13, rue Bonaparte
Paris.

ANTIQUITÉ. — ART JAPONAIS. **VASE EN BRONZE NIELLÉ D'ARGENT.**

(APPARTENANT A M. ÉDOUARD ANDRÉ.)

2444

Les ornements niellés figurés sur notre gravure par des traits noirs se dessinent dans l'original en traits clairs et lumineux. — Notre reproduction gravée ne donne donc pas l'aspect réel de ce beau vase ancien. — Malgré cela, on sera frappé, nous n'en doutons pas, de son grand caractère et de la beauté de ses formes. (Au tiers de l'exécution.)

这是一个乌银镶嵌的装饰品，在我们的雕刻中，用黑线描绘了原作中呈现出的明亮的闪光线条。因此我们并没有展示出来这个优雅古花瓶的原貌。然而，除此之外，人们仍被它华丽的风格和美丽的外形所打动。（大小为原尺寸的三分之一）

The niello ornaments shewn in our engraving by black lines appear in the original as bright shining lines. Our representation of it therefore does not give the real appearance of this fine old vase. In spite of that however one cannot but be struck by its grand style and the beauty of its form. (One third real size.)

XVIIe SIÈCLE. — FERRONNERIE SUISSE.

HEURTOIR EN FER FORGÉ ET ENTRÉES DE SERRURE.

Le heurtoir (fig. 2444) qui provient de l'hôtel de ville de Sion, en Suisse, est dessiné à moitié de l'exécution; — il se voit encore aujourd'hui à la porte principale de cet édifice. — Les fig. 2442 et 2443 montrent deux entrées de serrures assez grotesques, en fer gravé, et provenant de la ville de Bâle; — elles sont dessinées aux deux tiers de l'exécution.

Dans les contrées de la Suisse ayant appartenu aux ducs de Savoie, on rencontre souvent des édifices construits par des artistes italiens, et qui empruntent à cette origine un caractère différent de celui du pays. — Toutefois, les sculptures, et surtout les ferronneries, sont exécutées selon le caractère local, et contrastent souvent d'une manière étrange avec l'ensemble des monuments qu'elles ont pour mission de décorer.

2442

2444

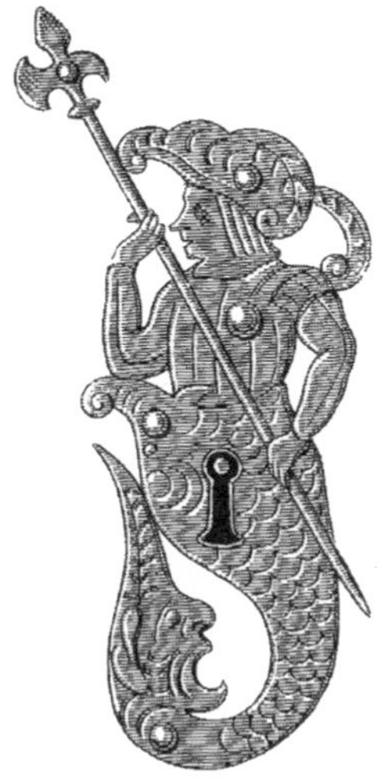

2443

这是瑞士锡永市政厅的门环（图 2444），绘画尺寸为原尺寸的二分之一。现在这个门环依然挂在锡永市政厅的大门上。图 2442 和图 2443 展示了两个奇异的钥匙孔，钥匙孔来自巴塞尔城，用铁雕刻而成。展示尺寸为原尺寸的三分之二。

在萨伏依王室管辖的瑞士州内，人们常常可以看到意大利艺术家建造的建筑物，它们与瑞士的风格相去甚远。

然而，瑞士的雕刻作品，特别是一些铁制品，依然保持着当地的风格，并且经常与他们想要装饰的建筑风格形成了鲜明的对比。

This knocker (fig. 2444) which comes from the Town Hall of Sion in Switzerland is drawn half real size. It still exists on the chief door of this building.

Figs. 2442 and 2443, shew two grotesque key-holes in engraved iron which come from the town of Bâle; they are drawn two thirds real size.

In the Swiss cantons which belonged to the dukes of Savoy, one often meets with buildings erected by Italian artists and which derive from their origin a character different to that of the country.

The carving however and especially the iron work always preserve the local character and often contrast strangely with the general style of the buildings which they are meant to decorate.

XIe SIÈCLE. — ORFÉVRERIE RELIGIEUSE. CHASSE EN CUIVRE.

(A Mme LA COMTESSE DZIATYNSKA.)

2445 2446

Les ornements du coffre de la châsse sont ajourés et permettent de voir la relique; — les pignons et la crête le sont également; — la tige droite du milieu de la crête servait de naissance à une croix disparue aujourd'hui. — La toiture, ou couvercle, est disposé en battière et orné de gravures au burin. — (Au quatre cinquièmes de l'exécution,)

这个圣物箱箱体部分的装饰是镂空的，这样就可以看到里面的圣物，三角形饰物的顶端和顶饰也同样是镂空的。原来在箱体中间的直杆上有一个十字架，现在已经消失了。

箱顶，或者说是箱子的盖子，是三角墙形，上面布满了雕刻的花饰。

The ornaments of the chest of this reliquary are of open work so that the relic can be seen, as are also the gable ends and the cresting. From the straight stem in the middle of the cresting formerly sprang a cross which has now disappeared. The roof or lid which has the form of a gabled roof is covered with engraved ornaments.

XVIIIe SIÈCLE. — ÉCOLE FRANÇAISE. (ÉPOQUE DE LOUIS XV.)

VIGNETTES. — FLEURONS. — CULS-DE-LAMPE, D'APRÈS LA GRAVURE DE CHARPENTIER.

Ces trois motifs sont extraits du traité d'architecture somptueusement illustré, où nous avons déjà puisé à diverses reprises.

La fig. 2447 est un cul-de-lampe qui a trouvé place à la base de l'un des ordres d'architecture.

La fig. 2448 est disposée dans le recueil au bas d'une planche montrant des motifs variés de serrureries. Aussi, les enfants groupés dans cette composition sont-ils fort occupés à travailler le fer. — Les uns le martèlent au sortir de la forge, les autres le liment et le ciselent, ou bien étudient attentivement un dessin de ferronnerie tracé sur le vélin. — Tout cela, évidemment, fait trouver moins sévères les figures scientifiques du livre, et c'est avec un certain charme qu'on les parcourt une à une.

La fig. inférieure 2449 est intitulée : « Cartouche avec groupe d'enfants représentant la géométrie. » Le centre de la composition est un riche motif d'architecture où l'on voit des vases et des statues en grand nombre. (Voyez la précédente année de *l'Art pour Tous.*)

2447

2448

这三个作品选自一本插画精美的建筑学著作，我们从中得到了几幅插图。

图 2447 是这本建筑学著作某一章末的装饰画。

在原书中，图 2448 的作品放在了一幅描述各种铁艺设计的插画下面，所以图中孩子们正忙着加工铁。有的正在锤打铁来让它成形，有的正在挫铁或者凿边，有的正在聚精会神地研究羊皮纸上画的铁艺设计。

显然，这些插画使这本书的图释看起来不那么枯燥，读者翻阅这本书的时候会感受到极大的乐趣。

下面的图（图 2449）名字叫做《装饰镜板与象征几何学的孩子》。这幅作品的中间的建筑装饰非常精美，有大量的花瓶和雕塑。（详情见去年出版的《艺术大全》）

2449

These three subjects are taken from a splendidly illustrated treatise on architecture from which we have already drawn several illustrations.

Fig. 2447 is a terminal at the end of one of the orders of architecture.

Fig. 2448 in the original collection is placed under a plate of various designs for iron work. So the children in this drawing are very busy working iron. Some are hammering it as it comes from the forge, others are filing or chiselling it, or attentively studying a design for iron work drawn upon parchment.

All this evidently makes the diagrams of the book seem less dry, and it is with no little pleasure that one turns them over.

The lower fig. 2449 is entitled : « Cartouche with a group of children representing geometry.» The centre of the composition is a rich architectural design with a number of vases and statues. (See the last year of *l'Art pour Tous.*)

XVIIIe SIÈCLE. — AMEUBLEMENTS.

(ÉPOQUE DE LOUIS XVI.)

PENDULE EN MARBRE ET BRONZE DORÉ

(A M. DELAROCHE.)

2450

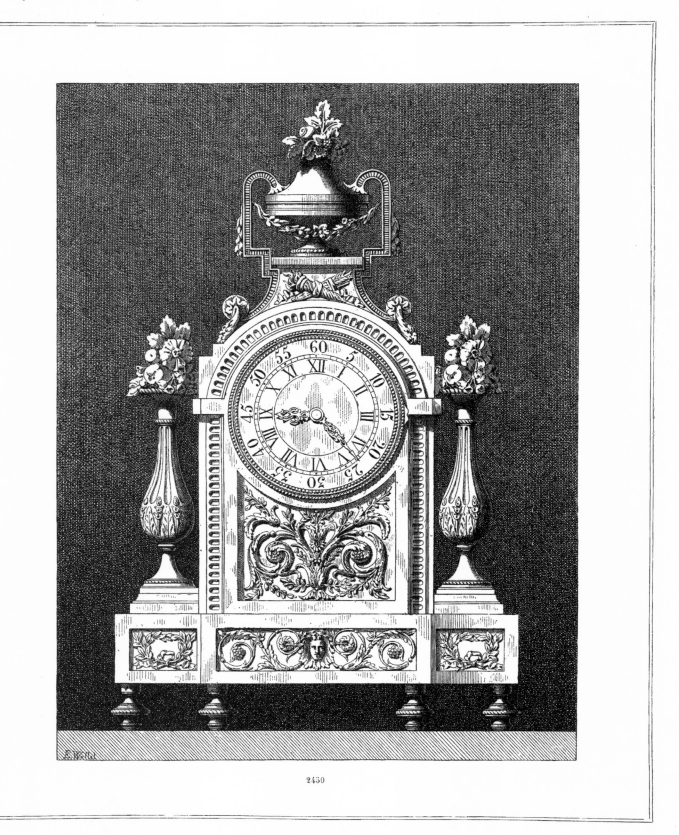

Cette œuvre de la fin du XVIIIe siècle est empreinte d'une naïveté qui dénote assez qu'elle ne sort point des mains d'un artiste bien expert en l'art de composer. Malgré cela elle n'est point dénuée de mérite, et les bronzes dorés appliqués sur le marbre sont notamment remarquables d'exécution. Comme la plupart des pendules fabriquées sous le règne de Louis XVI, elle est petite de dimensions.

这是 18 世纪末的作品。它的特点是设计显得天真幼稚，很明显，这个作品的艺术家，技巧不是很高。尽管如此，它也不是一无是处，在大理石上所使用的镀金铜工艺精湛，制作精美。如同大部分路易十六统治时期的钟表那样，这个钟表的尺寸很小。

This work of the end of the XVIIIth cent. is marked by a naiveté which shews clearly enough that it came from the hands of some artist not very skilled in the art of composition. In spite of that, it is by no means devoid of merit, and the gilt bronzes applied on the marble are especially remarkable for their execution. Like most clocks made during the reign of Louis XVI this one is of small size.

XVIe SIÈCLE. — ÉCOLE ALLEMANDE. ARTS SOMPTUAIRES. — COSTUMES,

COMPOSITIONS DE F. AMMON DE NUREMBERG.

这些由一个或多个人物形象组成的场景，吸引我们的地方不只是它们精美的雕刻艺术，还有它们对那个时代服装的如实展现。许许多多的艺术家都在木头上画过纽伦堡的阿蒙神（Ammon），我们只能从中选出几幅进行展示。我们只复制了那些最巧妙的、最具特色，并且让我们感到惊奇的作品，在这个过程中，我们并不是简单地复制那些线条，而是尽量保持原来的外形轮廓，同时保留阴影的总体效果。（详情见前面的《艺术大全》）

2451

These scenes composed of one or more figures possess for us, independently of the merits of the engraving itself, the great interest of being very faithful representations of the dress of the time. The compositions of Ammon of Nuremberg drawn on wood by different artists are very numerous, and we have been obliged to make a limited selection. We only reproduce those which struck us as the most ingenious and the most characteristic, not copying every line, but carefully keeping the outlines of the forms, and the general effect of the shading. (See the former nos of *l'Art pour Tous.*)

2452

2453

Ces scènes, composées d'un ou de plusieurs personnages, ont pour nous, indépendamment du mérite de la gravure proprement dite, le rare intérêt d'être des exemples très-fidèles des costumes du temps. Les compositions d'Ammon de Nuremberg, exécutées sur bois par divers artistes, sont en très-grand nombre; et nous avons dû borner notre choix. Nous reproduisons seulement celles qui nous ont paru les plus ingénieuses et les plus caractéristiques, faisant bon marché de la fidélité absolue des hachures, mais conservant avec soin, par exemple, les contours des formes et le modelé général. (Voyez les précédents numéros de l'*Art pour Tous.*)

ANTIQUITÉ. — ORFÉVRERIE.

CRATÈRE BACHIQUE EN ARGENT REPOUSSÉ.

(A LA BIBLIOTHÈQUE NATIONALE, A PARIS.)

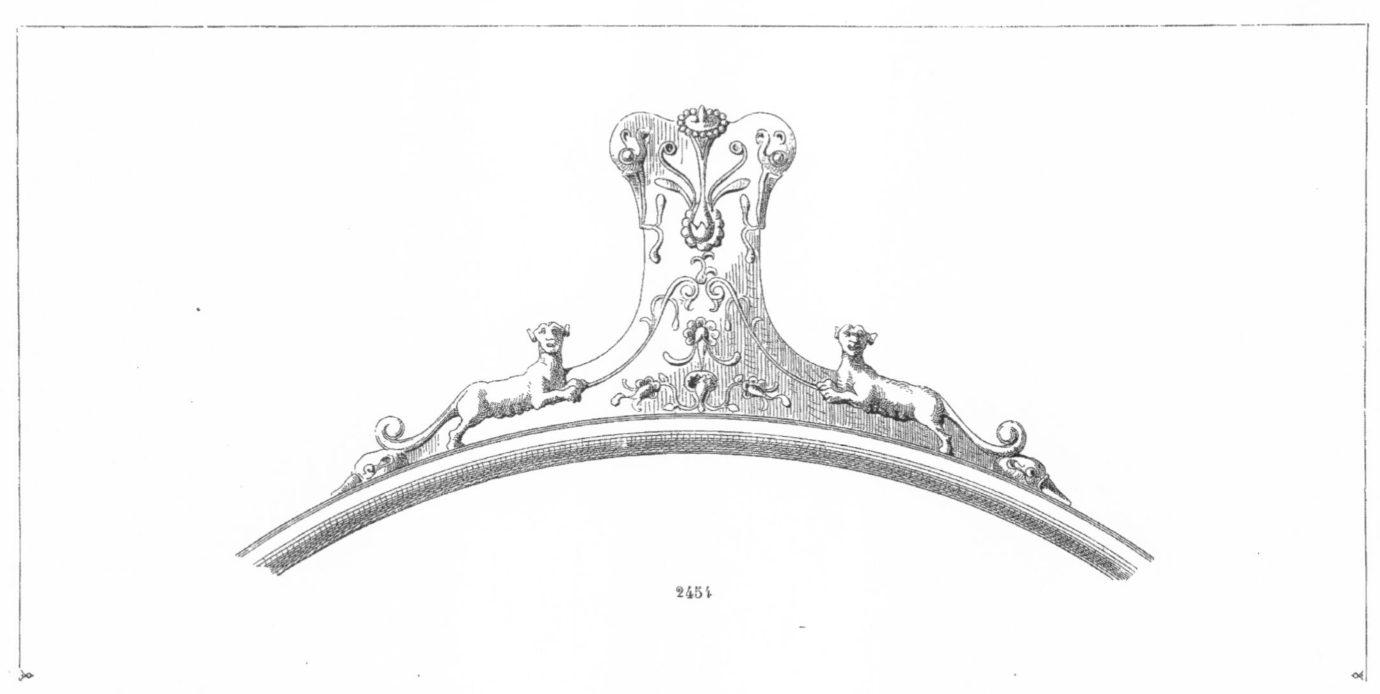

2454

2453

Cette œuvre d'orfévrerie antique, une des belles qui nous soient parvenues, est exécutée en argent repoussé. L'ensemble est dessiné à moitié de l'exécution. La fig. 2454 montre une des anses, grandeur de l'original et vue de face. Les ornements qui la décorent sont exquis et d'une finesse remarquable.

这件古代的金器，用银制压花装饰，是我们拿到的最精美的作品之一。总图尺寸是原尺寸的二分之一。图 2454 按照原尺寸展示了其中一个把手的正面。上面的装饰非常优雅，极为精美。

This piece of ancient goldsmith's work, one of the finest which has come down to us, is executed in silver repoussé. The general drawing is half real size. The fig. 2454 shews a front view of one of the handles full size. The ornament on it is exquisite, and of remarkable delicacy.

XVIe SIÈCLE. — FERRONNERIE FRANÇAISE. LANDIERS EN FER FORGÉ.

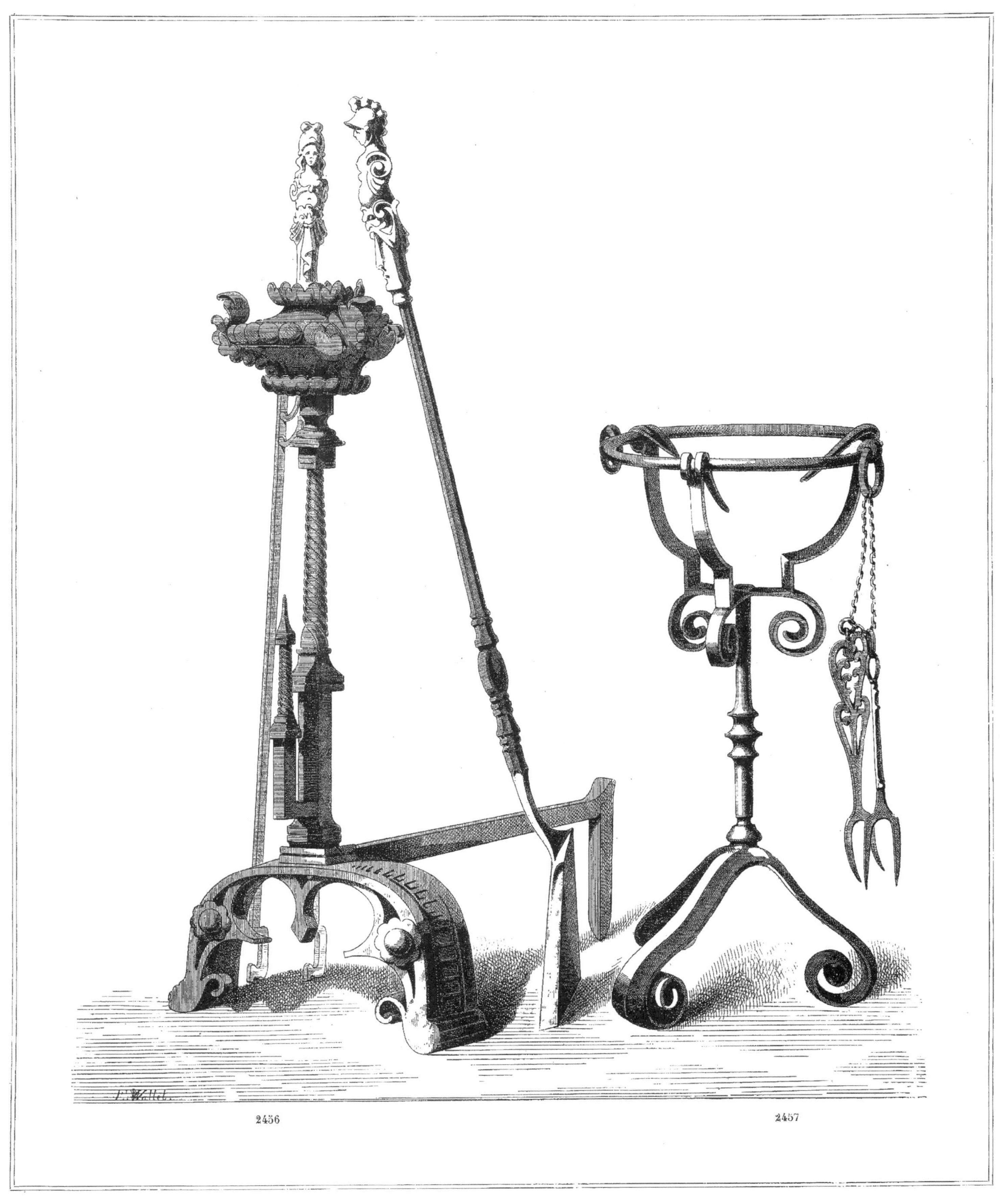

2456 2457

Dans la fig. 2456 appartenant à M. Récappé, tout est en fer, à l'exception de l'extrémité de la pelle et des pincettes. Dans la fig. 2457, provenant du musée de Cluny à Paris, on remarque un support pour les plats. Le manche de l'un des tisonniers suspendus est en cuivre.

图 2456 的作品来自 M. 瑞开普（M.Recappe），除了铲子和钳子的末端之外的地方都是用铁制作的。图 2457 的作品来自巴黎的克吕尼博物馆，这是一个碗碟架，上面挂了一个拨火棒，拨火棒的把手是铜制的。

In the fig. 2456 belonging to M. Récappé everything is of iron, except the ends of the shovel and tongs. In the fig. 2457, which comes from the Cluny museum at Paris one sees a support for dishes. The handle of one of the small pokers which hang on it is of copper.

10e Année.
N° 276
15 Décembre 1871.
ABONNEMENT ANNUEL
France. . . . . 18 fr.
Étranger. . . . 20 fr.
L'Année parue. 25 fr.
L'ART POUR TOUS
ENCYCLOPÉDIE DE L'ART INDUSTRIEL ET DÉCORATIF
Paraissant les 15 et 30 de chaque mois.
PUBLIÉ SOUS LA DIRECTION DE M. C. SAUVAGEOT | FONDÉ PAR M. EMILE REIBER, ARCHITECTE
Ve A. MOREL & Cie
EDITEURS
13, rue Bonaparte
Paris.

ART JAPONAIS. — ORFÉVRERIE.

(A M. PH. BURTY.)

THÉIÈRE EN BRONZE ET ARGENT

AUX DEUX TIERS DE L'EXÉCUTION.

2458

Le papillon qui se voit au sommet de l'objet indique sa destination. C'est, à n'en pas douter, un cadeau de mariage comme il s'en fait dans les classes aisées du Japon. Le papillon, chez ce peuple, est l'emblème de la constance, et sa présence est assez significative. Les quatre lobes de la partie inférieure sont ornés de gravure.

这件艺术品顶端的蝴蝶足够显示出它的用途。这无疑是一件日本上层阶级的结婚礼物。

蝴蝶象征着忠贞，它的出现就是一个有力的证据。下面部分的四个圆瓣上布满了雕刻装饰。

The butterfly on the top of this object sufficiently shews its destination. It is doubtless a wedding gift of the upper classes in Japan.

The butterfly with them is the emblem of constancy, and its presence is significative enough. The four lobes of the lower part are covered with engraving.

XIVe ET XVe SIÈCLES. — ORFÉVRERIE FRANÇAISE. OBJETS DU CULTE. — MONSTRANCES EN CUIVRE DORÉ

(AU MUSÉE DE CLUNY, A PARIS.) AUX DEUX TIERS DE L'EXÉCUTION.

2459

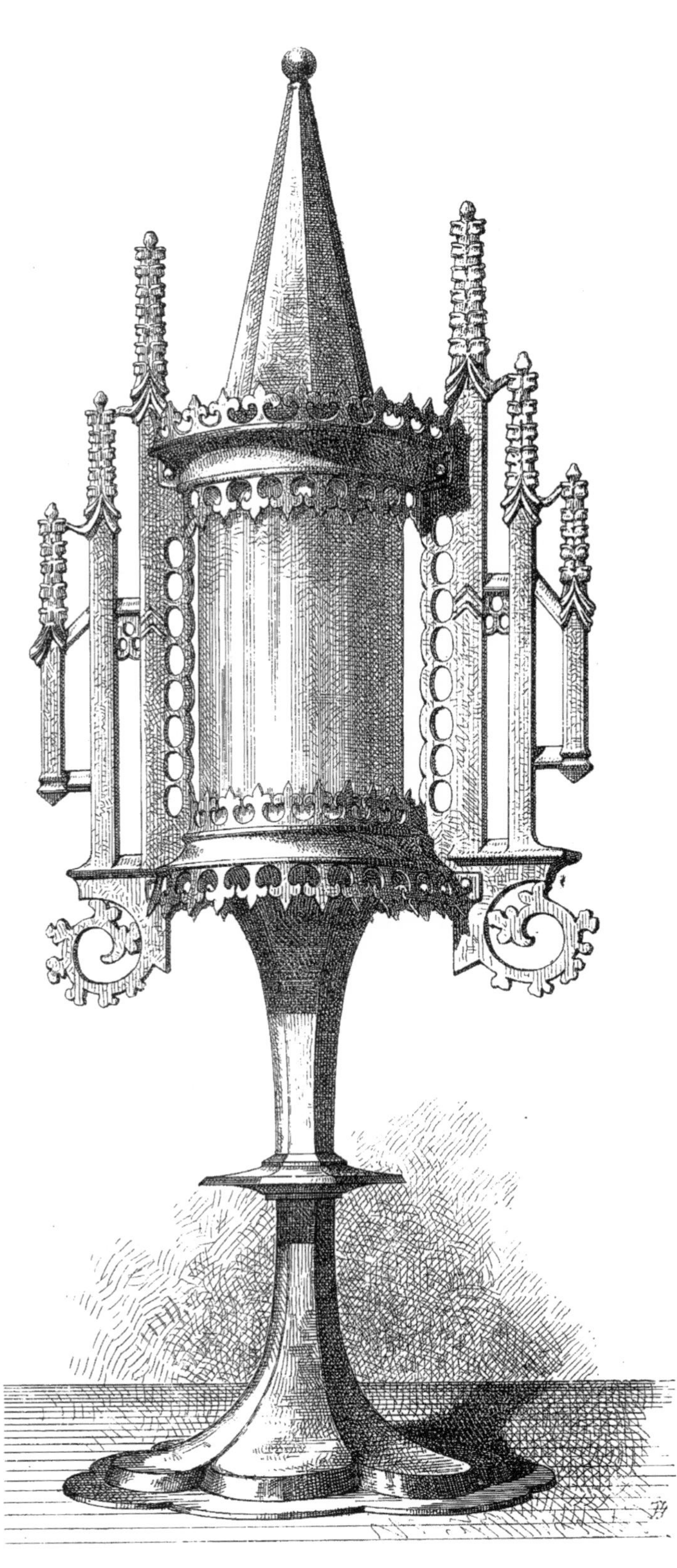

2460

Bien qu'elles appartiennent à un siècle différent, ces deux monstrances sont cependant à peu près de la même époque. L'une remonte à la fin du xive siècle, et l'autre date des premières années du xve. Comme dans tout objet d'orfévrerie de cette nature et de ces époques, on remarque l'emploi presque exclusif des formes architecturales. La partie centrale est vitrée.

尽管这两个圣髑盒属于不同的世纪，但是它们基本上属于同一时期。一件是 14 世纪末的作品，一件是 15 世纪初的作品。和这个时期的所有此类金器一样，这种装饰形式基本上是专用的。中间的部分是上过釉的。

Although belonging to different centuries these two monstrances are nearly of the same period. One belongs to the end of the xivth cent. and the other to the beginning of the xvth. As in nearly all goldsmith's work of this sort and period, architectural forms are almost exclusively used. The central part is glazed.

XVIIe SIÈCLE. — FABRIQUE VÉNITIENNE.

VERRERIE DE MURANO.

BURETTES ET COUPE-COUVERTE.

(A M. LE PRINCE CZARTORISKI.)

La forme générale joue ici un rôle très-important. La coloration n'a pas été, malgré cela, dédaignée par l'artiste verrier. Les trois objets sont décorés de pâtes rapportées qui ajoutent à leur éclat et leur donnent un véritable aspect de richesse et de luxe.

Dans la coupe couverte, qui mesure 22 centimètres en hauteur, les pâtes sont en verre doré. Elles sont en verre bleu aux deux petites burette qui l'accompagnent.

On sait que la création des verreries de Venise remonte jusqu'aux premières années du XIIIe siècle. On sait aussi combien le gouvernement vénitien protégea constamment ces établissements, dont la célébrité est universelle. (Voyez les précédentes années de *l'Art pour Tous.*)

Although colour has not been despised by the glassworker, yet their general form plays the most important part in these three objects. The applied ornaments add greatly to the beauty and richness of their appearance. In the covered cup, which measures 22 cent. in height, these are of golden glass, while in the two little jugs they are blue.

The manufacture of Venetian glass goes back to the beginning of the XIIIth cent. The manufactories which were universally celebrated were always under the protection of the Venetian government.

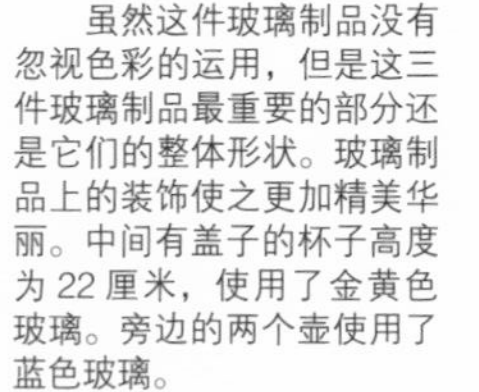

虽然这件玻璃制品没有忽视色彩的运用，但是这三件玻璃制品最重要的部分还是它们的整体形状。玻璃制品上的装饰使之更加精美华丽。中间有盖子的杯子高度为 22 厘米，使用了金黄色玻璃。旁边的两个壶使用了蓝色玻璃。

威尼斯玻璃的制造要追溯到 13 世纪初期。那些举世闻名的生产厂家一直受到威尼斯政府的保护。

2461 2462 2463

XVIe SIÈCLE. — SCULPTURE ITALIENNE.

PANNEAUX DE COFFRE SCULPTÉ.

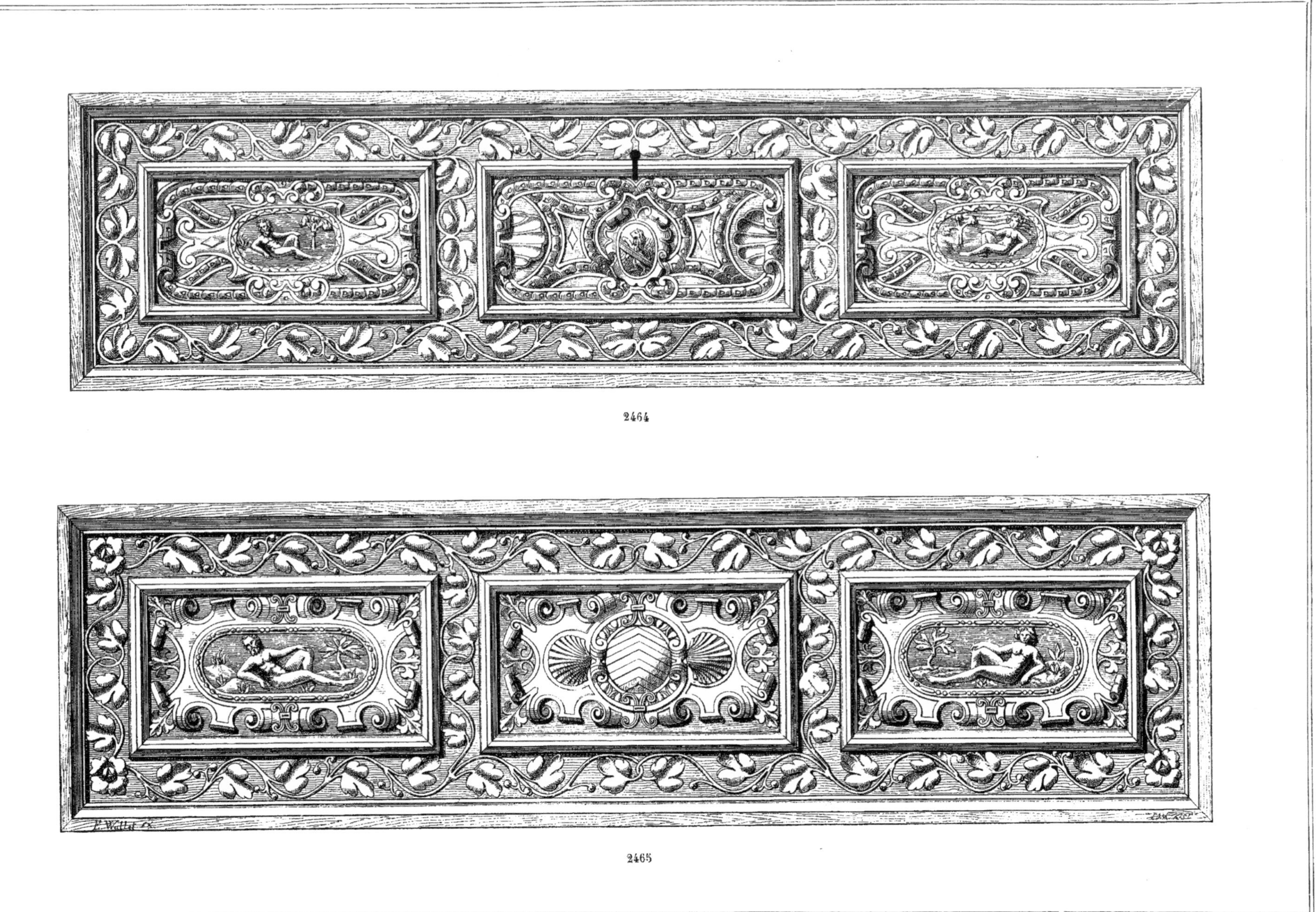

La sculpture de ce coffre laisse à désirer au point de vue de l'exécution ; mais en revanche l'arrangement des cartouches et des ornements courants est marqué au sceau de la bonne décoration.

这个盒子的雕刻并不是很完美，但是嵌板的布局以及上面的连续花饰是非常精美的。

The carving of this chest is not perfect, but the arrangement of the panels, and the running ornaments bear the stamp of good decoration.

10me Année.
N° 277
31 Décembre 1871.
ABONNEMENT ANNUEL
France. . . . . 18 fr.
Étranger. . . . 20 fr.
L'Année parue. 25 fr.
L'ART POUR TOUS
ENCYCLOPÉDIE DE L'ART INDUSTRIEL ET DÉCORATIF
Paraissant les 15 et 30 de chaque mois.
PUBLIÉ SOUS LA DIRECTION DE M. C. SAUVAGEOT | FONDÉ PAR M. EMILE REIBER, ARCHITECTE
Ve A. MOREL & Cie
ÉDITEURS
13, rue Bonaparte
Paris.

XVIe SIÈCLE. — FERRONNERIE ALLEMANDE.

(AU QUART DE L'EXÉCUTION.)

PORTE EN TOLE ET EN FER FORGÉ

APPARTENANT AU PRINCE CZARTORISKI.

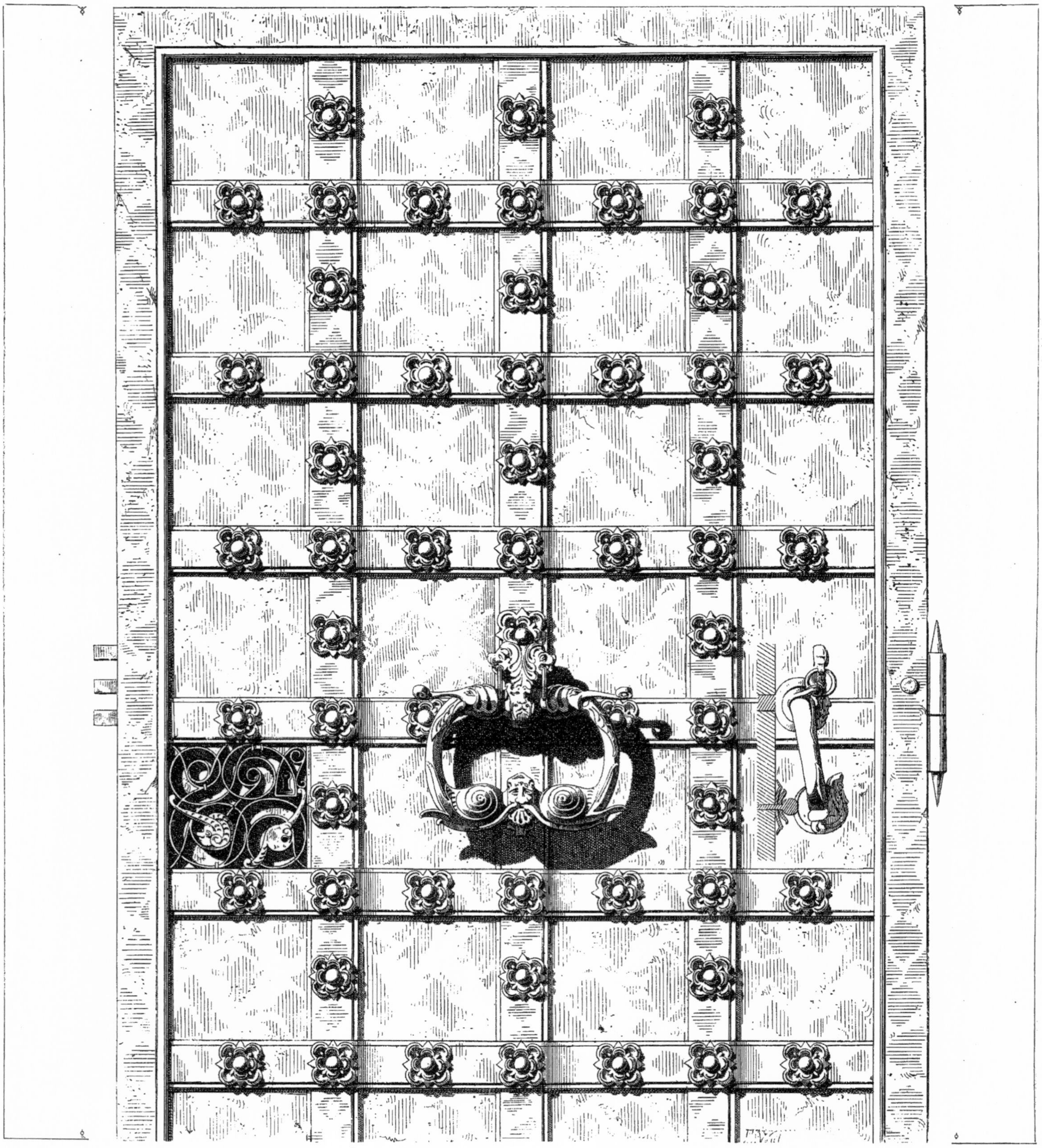

2466

2467

La partie inférieure de la porte manque sur notre gravure. il était bien inutile de la montrer, car elle est en tous points semblable à la partie du haut. Le heurtoir et l'entrée de serrure demandaient par exemple à être reproduits. La coupe du heurtoir se voit à droite de celui-ci.

这扇门的下半部分和上半部分没什么区别，所以我们就没有什么必要展示其下半部分了。然而，这扇门的门环和锁很值得我们仿制。右边展示了这个门环的截面。

There would have been no use in shewing the lower part of this door in our engraving, for it is exactly like the upper half. The knocker and lock however were well worthy of reproduction. A section of the knocker is given on the right.

ANTIQUITÉ. — CÉRAMIQUE GRECQUE. LAMINAIRES EN TERRE CUITE.

(A LA BIBLIOTHÈQUE NATIONALE.)

2468 2469

Dans les deux figures, les ornements du pied sont peints ainsi que ceux (fig. 2468) que l'on remarque à la naissance de la tête humaine et sous la courbe de la bobèche. Nous ignorons ce que la main gauche détruite de la cariatide pouvait tenir, une coupe probablement. Cette figure est présentée grandeur de l'exécution; l'autre, aux quatre cinquièmes seulement.

在这两个雕塑中，足部的装饰和人头顶部（图 2468）以及凹槽弯曲部分的装饰相同。我们不知道女像柱的左手拿了什么东西，很有可能是个杯子。这个雕塑尺寸与原尺寸相同，另一个雕塑尺寸为原尺寸的五分之四。

In these two figures the ornaments on the foot were painted as were also those seen at the springing of the human head (fig. 2468) and under the curve of the socket. We do not know what was held in the left hand of the caryatide, most probably a cup. This figure is shewn full size, the other only four fifth's.

XVIe SIÈCLE. — SCULPTURE ITALIENNE.

PANNEAUX DE COFFRE SCULPTÉ.

A M. RÉCAPPÉ.)

2470

2471

La fig. 2470 est le couvercle du coffre, et l'on doit remarquer que les ornements qui la décorent sont sensiblement moins saillants qu'à la figure inférieure, formant face principale. Cela devait être, et c'est parfaitement raisonné.

图 2470 是这个箱子的盖子，值得注意的是，它的装饰物不像下图那么凸出，下图展示了这个箱子的正面。这是常识：盖子的装饰物不能比箱体的装饰物凸出。

Fig. 2470 is the lid of the chest and it is worthy of remark that the ornaments upon it have much less projection than those in the lower figure which shews its front. This is as it should be and thoroughly common-sense.

XVIe SIÈCLE. — RELIURE FRANÇAISE.
(ÉPOQUE DE CHARLES IX.)

FERS DE RELIURE.
(A LA BIBLIOTHÈQUE NATIONALE DE PARIS.)

2474

Ces ornements décorent la couverture de l'exemplaire des « *Plus excellens Bastiments de France* » qui se trouve à la Bibliothèque nationale. Ce bel ouvrage de Du Cerceau a été publié à Paris, en deux volumes, l'un en 1576, l'autre en 1579. D'après le caractère des ornements ci-dessus, le relieur parait s'être servi de fers antérieurs à cette époque, et composés au temps de Charles IX. La reliure est exécutée en peau de truie frappée d'entrelacs et de nielles d'or, que nous reproduisons en noir.

这些装饰是《Les plus excellents Bastimens de France》装订本的封面，这本书收藏于国家图书馆。这本书的作者是迪塞尔索（Du Cerceau），该书在巴黎出版了两卷，第一卷出版于 1576 年，第二卷出版于 1579 年。从我们所展示的装饰物的特点来看，这本装订册所使用的印模比图中这个查理九世时期的装饰还要古老。包边是用猪皮做的，上面印了蔓藤花纹，镶嵌了乌银，我们用黑色来表示乌银。

These ornaments cover the binding of the copy of " Les plus excellents Bastimens de France ,, which belongs to the national Library. This fine work of Du Cerceau was published at Paris in two volumes, one in 1576 and the other in 1579. Judging from the character of the ornaments which we shew, it would seem that the binder used stamps older than the above dates which had been made in the time of Charles IX. The binding is of pig skin stamped with arabesques and gold niellos which we shew in black.